村小宅

——乡村现代别墅设计精选集

江西村小宅科技有限公司　编著

江苏凤凰科学技术出版社・南京

图书在版编目（CIP）数据

村小宅 ：乡村现代别墅设计精选集 / 江西村小宅科技有限公司编著 . — 南京 ：江苏凤凰科学技术出版社，2022.8

ISBN 978-7-5713-3031-6

Ⅰ．①村… Ⅱ．①江… Ⅲ．①别墅－建筑设计－作品集－中国－现代 Ⅳ．① TU241.1

中国版本图书馆 CIP 数据核字 (2022) 第 114417 号

村小宅——乡村现代别墅设计精选集

编　　著	江西村小宅科技有限公司
项目策划	凤凰空间／段建姣
责任编辑	赵　研　刘屹立
特约编辑	艾思奇
出版发行	江苏凤凰科学技术出版社
出版社地址	南京市湖南路 1 号 A 楼，邮编：210009
出版社网址	http://www.pspress.cn
总　经　销	天津凤凰空间文化传媒有限公司
总经销网址	http://www.ifengspace.cn
印　　刷	北京博海升彩色印刷有限公司
开　　本	787 毫米 ×1 092 毫米　1 / 16
印　　张	12
插　　页	4
字　　数	96 000
版　　次	2022 年 8 月第 1 版
印　　次	2022 年 8 月第 1 次印刷
标准书号	ISBN 978-7-5713-3031-6
定　　价	199.00 元（精）

目录

Building Practices
通用建房做法

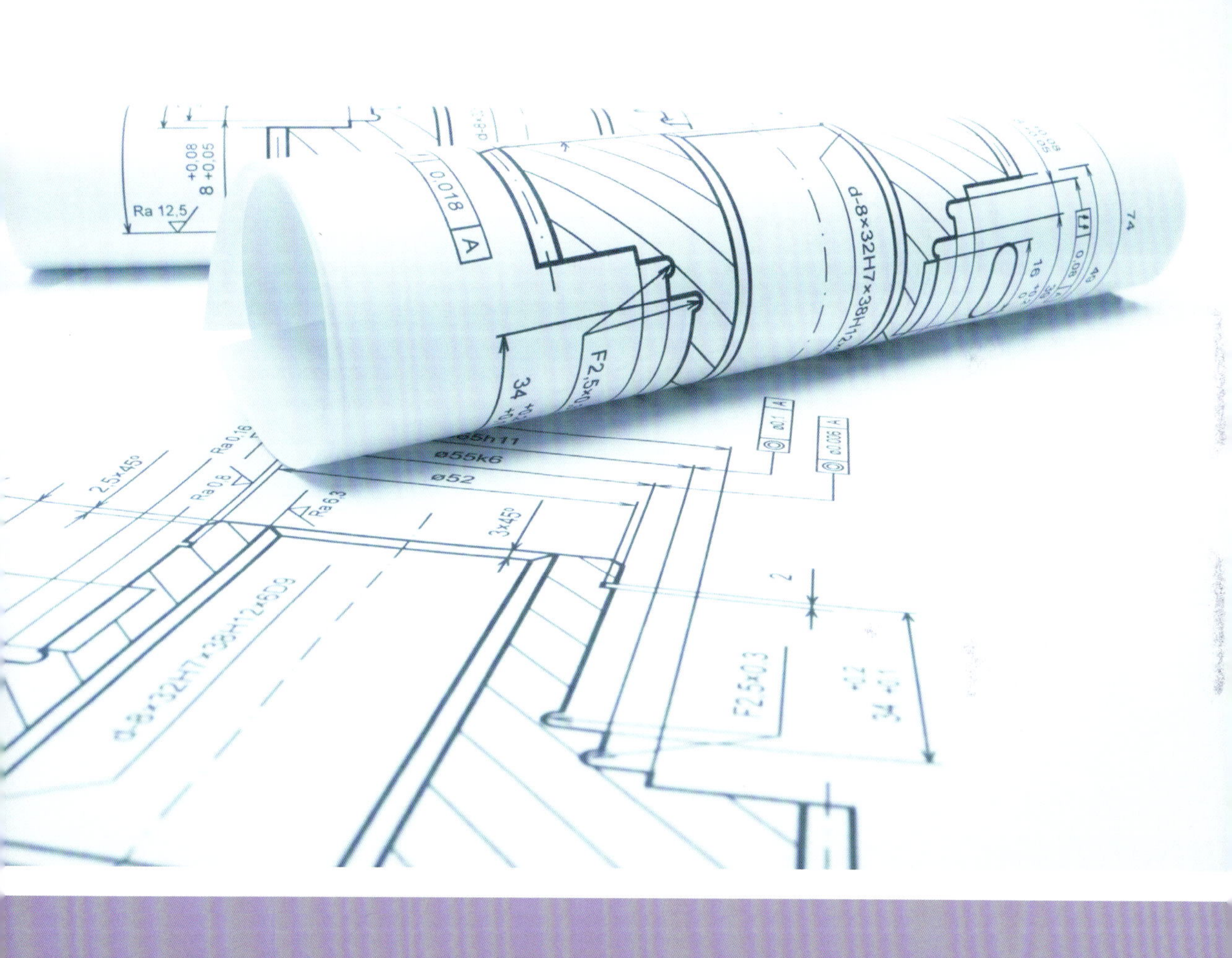
Ra 12,5
8 +0,05
+0,08
0,018
A
d-8×32H7×38H12
74
F2,5×0
34
ø55k6
ø52
2,5×45°
3×45°
2
F2,5×0,3

工程做法表

序号	做法
一	**地面做法**
	地 1：混凝土地面（100 毫米厚）
	1. 80 毫米厚 C15 混凝土随打随抹平，上撒 1 ：1 水泥砂浆压实赶光（每 6 分格浇筑）
	2. 100 毫米厚 C10 素混凝土垫层
	3. 素土夯实（用于厂房时碾压密实）
	地 2：混凝土地面（100 毫米厚）（适用于停车库）
	1. 120 毫米厚 C20 混凝土随打随抹平，上撒 1 ：1 水泥砂浆压实赶光（每 6 分格浇筑）
	2. 200 毫米厚 C10 素混凝土垫层
	3. 素土夯实（用于厂房时碾压密实）
二	**楼面做法**
	楼 1：水泥砂浆楼面（20 毫米厚）
	1. 20 毫米厚 1 ：2.5 水泥砂浆抹面压实赶光
	2. 刷素水泥浆一道
	3. 结构楼板
	楼 2：地砖楼面（30 毫米厚）
	1. 8 ~ 10 毫米厚铺地砖楼面，干水泥擦缝
	2. 撒素水泥面，洒适量清水
	3. 20 毫米厚 1 ：4 干硬性水泥砂浆结合层
	4. 刷素水泥浆一道
	5. 结构楼板
	楼 3：地砖防水楼层（60 毫米厚）（适用于厨房、卫生间等用水房间）
	1. 8 ~ 10 毫米厚铺防滑地砖楼面，干水泥擦缝
	2. 撒素水泥面，洒适量清水
	3. 20 毫米厚 1 ：4 干硬性水泥砂浆结合层
	4. 刷素水泥浆一道
	5. 1 毫米厚聚合物水泥基防水涂膜
	6. 1 ：2.5 水泥砂浆找坡，最低处 15 毫米厚（1 ：2 ：4 细石混凝土向地漏找坡，最低处 30 毫米厚，适用于大面积卫生间）
	7. 刷氯丁胶稀释一道
	8. 1 ：2.5 水泥砂浆表面平整、补缺、四周抹小八字角
	9. 结构楼板
三	**顶棚做法**
	棚 1: 乳胶漆顶棚（15 毫米厚）
	1. 刷（喷）内墙涂料二道
	2. 2 毫米厚麻刀（纸筋）灰赶平压光
	3. 10 毫米厚 1 ：1 ：4 水泥石灰砂浆找平
	4. 钢筋混凝土底板清理干净，刷素水泥浆一道
	5. 穿孔吸声复合板 600 毫米 × 600 毫米 × 15 毫米，板背面点状抹粉刷石膏(至少五个点)
	棚 2: 抹灰顶棚
	1. 现浇钢筋混凝土板底用水加 10% 火碱清洗油腻
	2. 刷素水泥浆一道
	3. 腻子刮平
	4. 面层或吊顶（业主自理）

续表

序号	做法
四	**外墙做法**
	凡外墙不同材料交界处均应在平层中附加 300 毫米宽金属网，页岩砖应先涂专用界面剂后，再进行下道工序，非承重砌块抹面砂浆应用专用配套砂浆
	外 1：滚涂墙面（28 毫米厚）
	1. 喷甲基硅醇憎水剂
	2. 滚涂聚合物水泥砂浆
	3. 7 毫米厚聚合物水泥砂浆防水层
	4. 20 毫米厚 1 ：2.5 水泥砂浆找平层（加 5% 防水粉）
	外 2：涂料（乳胶漆）墙面（28 毫米厚）
	1. 喷涂料面层
	2. 7 毫米厚聚合物水泥砂浆防水层
	3. 20 毫米厚 1 ：2.5 水泥砂浆找平层（加 5% 防水粉）
	外 3：贴面砖墙面（38 毫米厚）
	1. 贴条砖（聚合物水泥砂浆勾缝）或贴面砖（白水泥擦缝）
	2. 5 毫米厚聚合物水泥砂浆结合层
	3. 7 毫米厚聚合物水泥砂浆防水层
	4. 20 毫米厚 1 ：2.5 水泥砂浆找平层（加 5% 防水粉）
	外 4：马赛克墙面（34 毫米厚）
	1. 贴马赛克，白水泥擦缝
	2. 5 毫米厚聚合物水泥砂浆结合层
	3. 7 毫米厚聚合物水泥砂浆防水层
	4. 20 毫米厚 1 ：2.5 水泥砂浆找平层（加 5% 防水粉）
	外 5：贴碎拼大理石墙面（44 毫米厚）（适用于装饰性小面积墙面）
	1. 贴 8 ~ 12 毫米厚碎拼大理石，稀水泥浆擦缝
	2. 7 毫米厚聚合物水泥砂浆结合层
	3. 7 毫米厚聚合物水泥砂浆防水层
	4. 20 毫米厚 1 ：2.5 水泥砂浆找平层（加 5% 防水粉）
	外 6：水刷石外墙面（30 毫米厚）
	1. 10 毫米厚 1 ：1.5 水泥石子。水刷表面（墙面分格线宽 8 ~ 12 毫米）
	2. 刷素水泥浆一道
	3. 20 毫米厚 1 ：2.5 水泥砂浆找平；对加气混凝土墙面则改为 15 毫米厚 2 ：1 ：8 水泥石灰砂浆，分两次打底找平，加气混凝土墙面刷 108 胶素水泥浆一道，配合比为 108 胶：水 =1 ：4
	外 7：喷真石漆墙面（15 毫米厚）
	1. 喷真石漆
	2. 1 毫米厚聚合物水泥基防水涂膜
	3. 12 毫米厚 1 ：2.5 水泥砂浆找平层（加 5% 防水粉）

续表

序号	做法
五	**内墙做法**
	内 1：混合砂浆墙面（25 毫米厚）
	1. 刷 2 毫米厚纸筋石灰光面
	2. 6 毫米厚 1 ： 0.3 ： 3 水泥石灰膏砂浆压实抹光
	3. 12 毫米厚 1 ： 1 ： 6 水泥石灰膏砂浆打底扫毛
	4. 喷刷混凝土界面处理剂一遍
	内 2：贴面砖防水墙面（35 毫米厚）
	1. 5 ~ 10 毫米厚瓷砖，白水泥浆擦缝
	2. 5 毫米厚 1 ： 1 水泥砂浆加水重 20% 的 801 胶镶贴，或采用专用胶黏剂镶贴
	3. 1.5 毫米厚 JS（Ⅱ型）防水涂料
	4. 15 毫米厚 1 ： 3 水泥砂浆找平
	5. 墙体基层
	内 3：乳胶漆墙面（25 毫米厚）
	1. 乳胶漆面层
	2. 墙面满刮腻子找平
	3. 8 毫米厚 1 ： 2.5 水泥砂浆找平层
	4. 12 毫米厚 1 ： 3 水泥砂浆打底
六	**屋面做法**
	屋 1：Ⅰ级防水有隔热层上人屋面（倒置式）
	1. 铺浅色地砖（5 毫米厚聚合物水泥砂浆铺贴，水泥砂浆勾缝）
	2. 40 毫米厚 C25 配筋细石混凝土（掺减水剂，双向配 ϕ4@150 毫米钢筋，每 6 米设缝，密封胶嵌缝）
	3. 30 毫米厚挤塑泡沫保温隔热板（或 40 毫米厚聚苯板）
	4. 1.5 毫米厚合成高分子防水卷材，四周翻起 300 毫米高
	5. 2 毫米厚合成高分子防水涂料，四周翻起 300 毫米高
	6. 基层处理剂：氯丁胶稀释液
	7. 20 毫米厚 1 ： 2.5 水泥砂浆找平层
	8. 屋面板结构找坡（或 1 ： 8 水泥陶粒建筑找坡，最薄处 30 毫米厚）（注：防水材料均应采用不含焦油型）
	屋 2：Ⅱ级防水有隔热层上人屋面（倒置式）
	1. 铺浅色地砖（5 毫米厚聚合物水泥砂浆铺贴，水泥砂浆勾缝）
	2. 40 毫米厚 C25 配筋细石混凝土（掺减水剂，双向配 ϕ4@150 毫米钢筋，每 6 米设缝，密封胶嵌缝）
	3. 30 毫米厚挤塑泡沫保温隔热板（或 40 毫米厚聚苯板）
	4. 1.5 毫米厚合成高分子防水卷材，四周翻起 300 毫米高（或 3 毫米厚合成高分子防水涂料，无纺布加胎增强，四周翻起 300 毫米高）
	5. 基层处理剂：氯丁胶稀释液

续表

序号	做法
	6. 20 毫米厚 1 ： 2.5 水泥砂浆找平层
	7. 屋面板结构找坡（或 1 ： 8 水泥陶粒建筑找坡，最薄处 30 毫米厚）（注：防水材料均应采用不含焦油型）
	屋 3：Ⅲ级防水有隔热层上人屋面（倒置式）
	1. 铺浅色地砖 (5 毫米厚聚合物水泥砂浆铺贴，水泥砂浆勾缝）
	2. 20 毫米厚 1 ： 2.5 水泥砂浆保护层
	3. 80 毫米厚水泥聚苯板（或水泥珍珠岩层），15 毫米厚水泥混合砂浆砌筑
	4. 干铺玻纤布（或油毡）一层隔离层
	5. 2 毫米厚合成高分子涂料
	6. 基层处理剂：氯丁胶稀释液
	7. 20 毫米厚 1 ： 2.5 水泥砂浆找平层
	8. 屋面板结构找坡（或 1 ： 8 水泥陶粒建筑找坡）（注：防水材料均应采用不含焦油型）
	屋 4：无隔热层不上人屋面（适用于小面积屋面）
	1. 20 毫米厚 1 ： 2.5 水泥砂浆保护层，每 2 米设分格缝，密封嵌缝
	2. 5 毫米厚石灰砂浆
	3. 2.0 毫米厚聚合物水泥基防水涂膜，四周翻起 300 毫米
	4. 刷氯丁胶稀释液
	5. 1 ： 3 水泥砂浆找平层（最薄处 15 毫米厚）
	屋 5：植被屋面（Ⅰ级防水）
	1. 种植土层
	2. 无纺布（或玻璃纤维布）隔离层
	3. 50 毫米厚轻质陶粒过滤层
	4. 50 毫米厚卵石排水层
	5. 40 毫米厚 C25 配筋细石混凝土刚性防水层（配双向 ф4@150 毫米钢筋）
	6. 0.5 毫米厚塑料薄膜隔离层兼耐根层
	7. 1.5 毫米厚合成高分子防水涂料，四周翻起到种植土层面
	8. 2 毫米厚合成高分子防水涂料，四周翻起到种植土层面
	9. 20 毫米厚 1 ： 2.5 水泥砂浆找平层
	10. 屋面板（注：防水材料均应采用不含焦油型）
	屋 6：植被屋面（Ⅱ级防水）
	1. 种植土层
	2. 无纺布（或玻璃纤维布）隔离层
	3. 塑料定型板耐根疏水保水层
	4. 1.5 毫米厚合成高分子防水涂料，四周翻起到种植土层面
	5. 30 毫米厚挤塑泡沫保温隔热板（或 40 毫米厚聚苯板）
	6. 2 毫米厚合成高分子防水涂料，四周翻起到种植土层面
	7. 20 毫米厚 1 ： 2.5 水泥砂浆找平层
	8. 屋面板（注：防水材料均应采用不含焦油型）
	屋 7：贴陶瓦屋面（倾角小于 30° ）（适用于坡屋顶）
	1. 贴陶瓦

续表

序号	做法
	2. 1 ：2.5 水泥砂浆填实缝隙
	3. 80 毫米厚 1 ：8 膨胀珍珠岩隔热层
	4. 7 毫米厚聚合物水泥砂浆防水层
	5. 20 毫米厚 1 ：3 水泥砂浆找平层
	屋 8：挂陶瓦屋面（倾角大于 30°）
	1. ϕ6 毫米横筋，18 号铜丝双股挂陶瓦，1 ：2.5 水泥砂浆边挂边填实
	2. 7 毫米厚聚合物水泥砂浆防水层
	3. 15 毫米厚 1 ：3 水泥砂浆找平层与预埋钢筋预留 10 毫米 ×10 毫米凹槽，密封胶嵌缝
	4. 预埋 ϕ6 毫米钢筋钩 150 毫米长，间距 500 毫米
七	**踢脚线做法**
	踢 1：水泥砂浆踢脚线（100 毫米高）
	1. 10 毫米厚 1 ：2.5 水泥砂浆压实赶光
	2. 15 毫米厚 1 ：3 水泥砂浆打底抹光
	3. 刷素水泥浆一道
	4. 墙体基层
八	**散水做法**
	散 1：混凝土散水
	1. 60 毫米厚 C15 混凝土散水 1 ：1 水泥砂浆压实赶光，与墙体连接处、转折处及每 6 米设缝，密封胶嵌缝
	2. 100 毫米厚 C10 素混凝土垫层
	3. 素土夯实，向外找坡 4%
	散 2：水泥砂浆散水
	1. 15 毫米厚 1 ：2.5 水泥砂浆抹平
	2. 40 毫米厚 C15 混凝土，与墙体连接处、转折处及每 6 米设缝，密封胶嵌缝
	3. 100 毫米厚 C10 素混凝土垫层
	4. 素土夯实，向外找坡 4%
九	**坡道、台阶做法**
	坡 1：水泥防滑坡道台阶
	1. 20 毫米厚水泥砂浆抹面，15 毫米宽金刚砂防滑条，中距 80 毫米，凸出坡面
	2. 100 毫米厚 C25 混凝土，每 6 米设缝，密封胶嵌缝
	3. 200 毫米厚级配砂石垫层
	4. 素土碾压密实
	坡 2：混凝土坡道台阶
	1. 50 毫米厚 C20 细石混凝土面层，表面压出防滑条（转弯处由外径向内径找坡）
	2. 结构板
	坡 3：广场砖、地砖、大理石板、花岗岩板坡道台阶
	1. 铺广场砖（或地砖、大理石板、花岗岩板），水泥砂浆勾缝或水泥浆擦缝
	2. 撒素水泥面，洒适量清水
	3. 30 毫米厚 1 ：4 干硬性水泥砂浆结合层（转弯处由外径向内径找坡）
	4. 结构板

续表

序号	做法
十	**油漆**
	漆 1：木材面调和漆
	1. 木基层清理、除污、打磨等
	2. 刮腻子、磨光
	3. 底油一道
	4. 调和漆二道
	漆 2：木材面清漆（高级油漆）
	1. 木基层清理、除污、打磨等
	2. 润粉
	3. 刮腻子、磨光
	4. 刷色
	5. 清漆 3 ~ 5 道
	漆 3：金属面调和漆
	1. 除锈
	2. 防锈漆或红丹一道
	3. 刮腻子、磨光
	4. 调和漆二道
	漆 4：金属面银粉漆
	1. 除锈
	2. 防锈漆或红丹一道
	3. 刮腻子、磨光
	4. 银粉漆二道

构造做法表

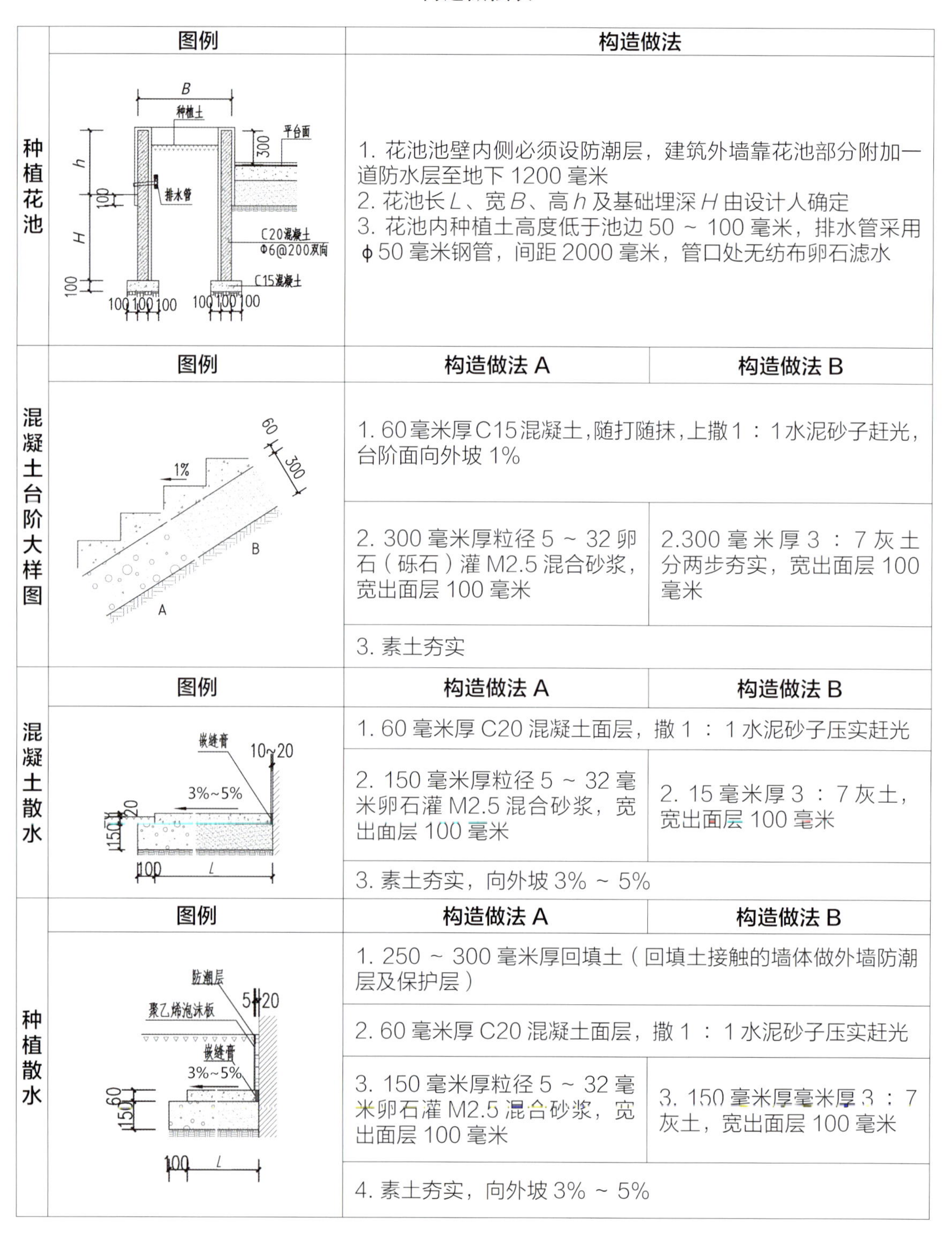

	图例	构造做法	
种植花池		1. 花池池壁内侧必须设防潮层，建筑外墙靠花池部分附加一道防水层至地下 1200 毫米 2. 花池长 *L*、宽 *B*、高 *h* 及基础埋深 *H* 由设计人确定 3. 花池内种植土高度低于池边 50 ~ 100 毫米，排水管采用 ϕ50 毫米钢管，间距 2000 毫米，管口处无纺布卵石滤水	
	图例	构造做法 A	构造做法 B
混凝土台阶大样图		1. 60 毫米厚 C15 混凝土,随打随抹,上撒 1 ：1 水泥砂子赶光，台阶面向外坡 1%	
		2. 300 毫米厚粒径 5 ~ 32 卵石（砾石）灌 M2.5 混合砂浆，宽出面层 100 毫米	2.300 毫米厚 3 ：7 灰土分两步夯实，宽出面层 100 毫米
		3. 素土夯实	
	图例	构造做法 A	构造做法 B
混凝土散水		1. 60 毫米厚 C20 混凝土面层，撒 1 ：1 水泥砂子压实赶光	
		2. 150 毫米厚粒径 5 ~ 32 毫米卵石灌 M2.5 混合砂浆，宽出面层 100 毫米	2. 15 毫米厚 3 ：7 灰土，宽出面层 100 毫米
		3. 素土夯实，向外坡 3% ~ 5%	
	图例	构造做法 A	构造做法 B
种植散水		1. 250 ~ 300 毫米厚回填土（回填土接触的墙体做外墙防潮层及保护层）	
		2. 60 毫米厚 C20 混凝土面层，撒 1 ：1 水泥砂子压实赶光	
		3. 150 毫米厚粒径 5 ~ 32 毫米卵石灌 M2.5 混合砂浆，宽出面层 100 毫米	3. 150 毫米厚毫米厚 3 ：7 灰土，宽出面层 100 毫米
		4. 素土夯实，向外坡 3% ~ 5%	

续表

<table>
<tr><td rowspan="2">有保温上人屋面</td><td>图例</td><td colspan="2">构造做法</td></tr>
<tr><td>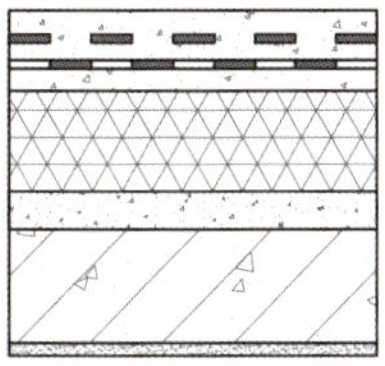</td><td colspan="2">1. 40 毫米厚 C20 细石混凝土保护层，配 ϕ6 毫米或冷拔 ϕ4 毫米的Ⅰ级钢，双向@150毫米，钢筋网片绑扎或点焊(设分格缝)
2. 10 毫米厚低强度等级砂浆隔离层
3. 防水卷材或涂膜层
4. 20 毫米厚 1 ∶ 3 水泥砂浆找平层
5. 保温层
6. 最薄 30 毫米厚 LC5.0 轻集料混凝土 2% 找坡层
7. 钢筋混凝土屋面板</td></tr>
<tr><td rowspan="4">水泥面层坡道（有防滑条）</td><td>图例</td><td>构造做法 A</td><td>构造做法 B</td></tr>
<tr><td rowspan="3">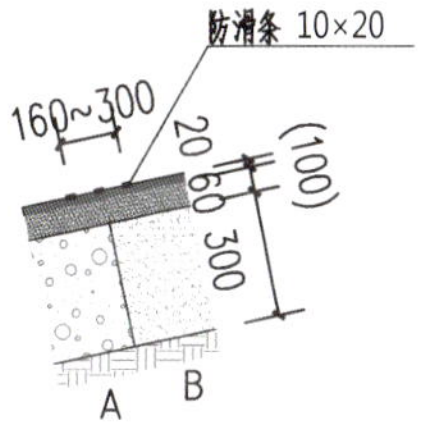</td><td colspan="2">1. 20 毫米厚 1 ∶ 2 水泥砂浆面层，20 毫米厚 1 ∶ 1 金刚砂砾（或铁屑）水泥防滑条，横向中距 160 ~ 300 毫米突出坡道面
2. 素水泥一道（内掺建筑胶）
3. 60（或 100）毫米厚 C15 混凝土</td></tr>
<tr><td>4. 300 毫米厚粒径 5 ~ 32 毫米卵石（砾石）灌 M2.5 混合砂浆，宽出面层 300 毫米</td><td>4. 300 毫米厚 3 ∶ 7 灰土分两步夯实，宽出面层 300 毫米</td></tr>
<tr><td colspan="2">5. 素土夯实（坡度按工程设计）</td></tr>
<tr><td rowspan="4">楼地面做法</td><td>图例</td><td>构造做法 A</td><td>构造做法 B</td></tr>
<tr><td rowspan="3">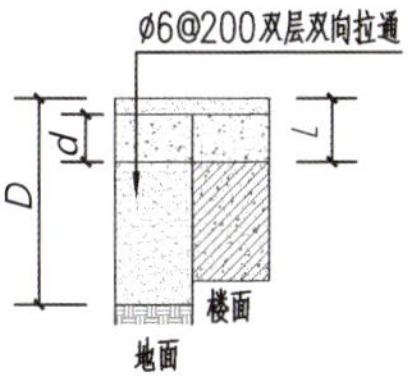</td><td colspan="2">1. 20 毫米厚 1 ∶ 2.5 水泥砂浆
2. 水泥浆一道（内掺建筑胶）
3. 60 毫米厚 1 ∶ 6 水泥焦渣</td></tr>
<tr><td>4. 150 毫米厚毫米厚粒径 5 ~ 32 毫米卵石（碎石）灌 M2.5混合砂浆捣密实或3 ∶ 7 灰土</td><td>4. 现浇钢筋混凝土楼板或预制楼板现浇结合层</td></tr>
<tr><td colspan="2">5. 素土夯实</td></tr>
<tr><td rowspan="4">排水明沟</td><td>图例</td><td>构造做法 A</td><td>构造做法 B</td></tr>
<tr><td rowspan="3">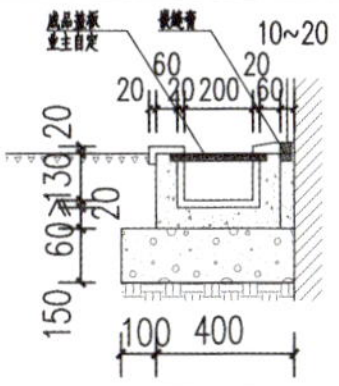</td><td colspan="2">1. 20 毫米厚 1 ∶ 2 水泥砂浆面层
2. 60 毫米厚 C15 混凝土</td></tr>
<tr><td>3. 150 毫米厚粒径 5 ~ 32 毫米卵石灌 M2.5 混合砂浆，宽出 100 毫米</td><td>3. 150 毫米厚 3 ∶ 7 灰土，宽出面层 100 毫米</td></tr>
<tr><td colspan="2">4. 素土夯实（沟底找坡）</td></tr>
<tr><td rowspan="2">挑檐</td><td>图例</td><td colspan="2">构造做法</td></tr>
<tr><td>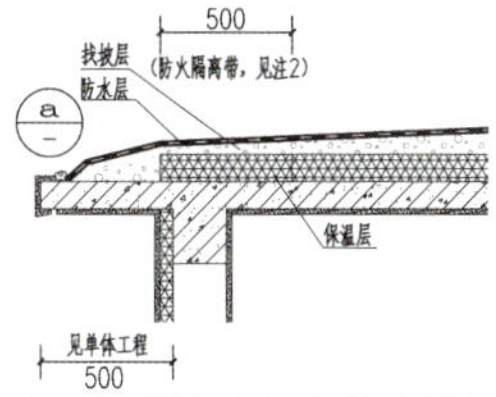</td><td colspan="2">1. 无组织排水檐口 800 毫米范围内，卷材应采用满粘法
2. 当屋面和外墙均采用 B_1、B_2 级保温材料时，应采用宽度不小于 500 毫米的不燃材料设置防火隔离带，将屋面和外墙分隔</td></tr>
</table>

续表

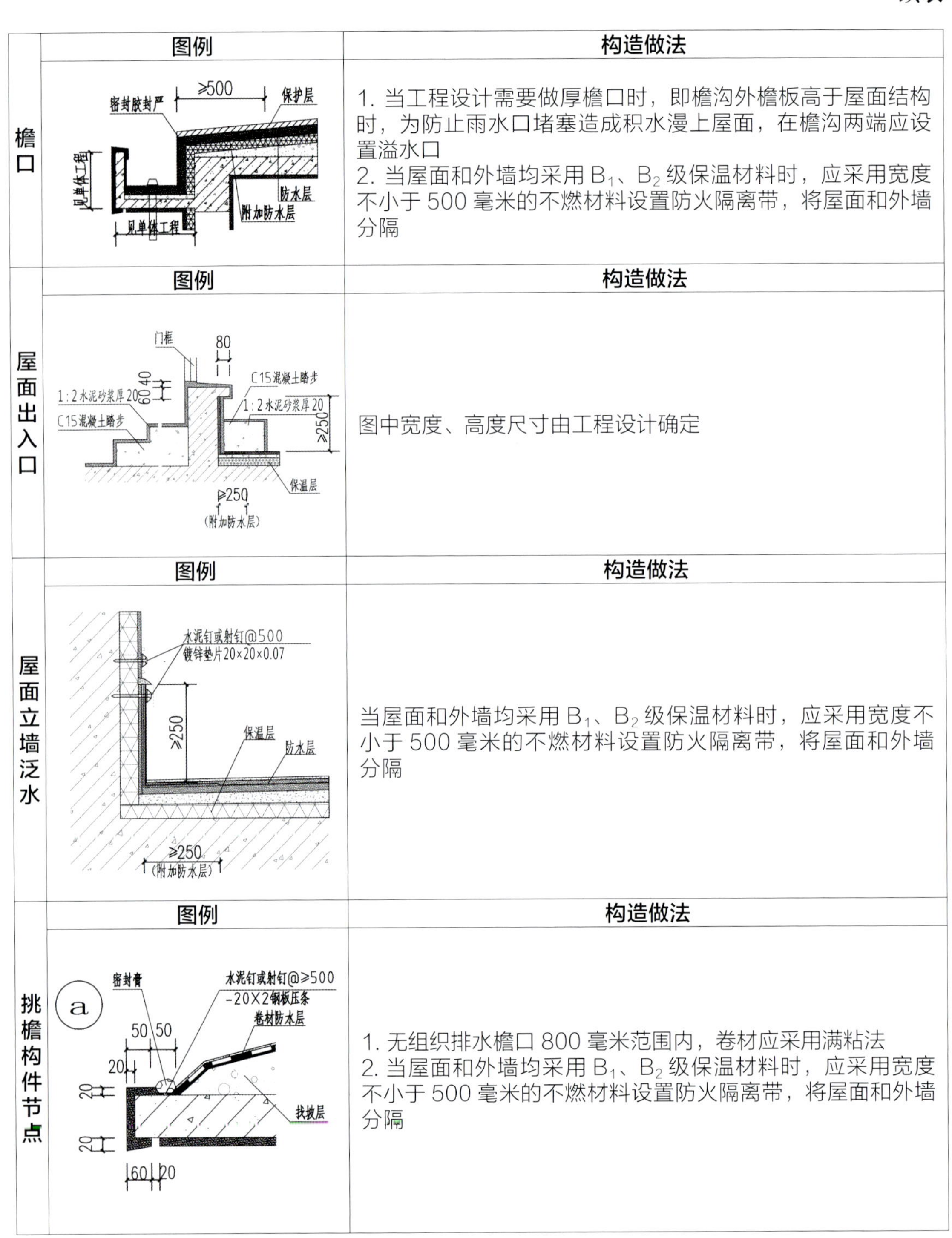

	图例	构造做法
檐口		1. 当工程设计需要做厚檐口时，即檐沟外檐板高于屋面结构时，为防止雨水口堵塞造成积水漫上屋面，在檐沟两端应设置溢水口 2. 当屋面和外墙均采用 B_1、B_2 级保温材料时，应采用宽度不小于 500 毫米的不燃材料设置防火隔离带，将屋面和外墙分隔
屋面出入口		图中宽度、高度尺寸由工程设计确定
屋面立墙泛水		当屋面和外墙均采用 B_1、B_2 级保温材料时，应采用宽度不小于 500 毫米的不燃材料设置防火隔离带，将屋面和外墙分隔
挑檐构件节点		1. 无组织排水檐口 800 毫米范围内，卷材应采用满粘法 2. 当屋面和外墙均采用 B_1、B_2 级保温材料时，应采用宽度不小于 500 毫米的不燃材料设置防火隔离带，将屋面和外墙分隔

续表

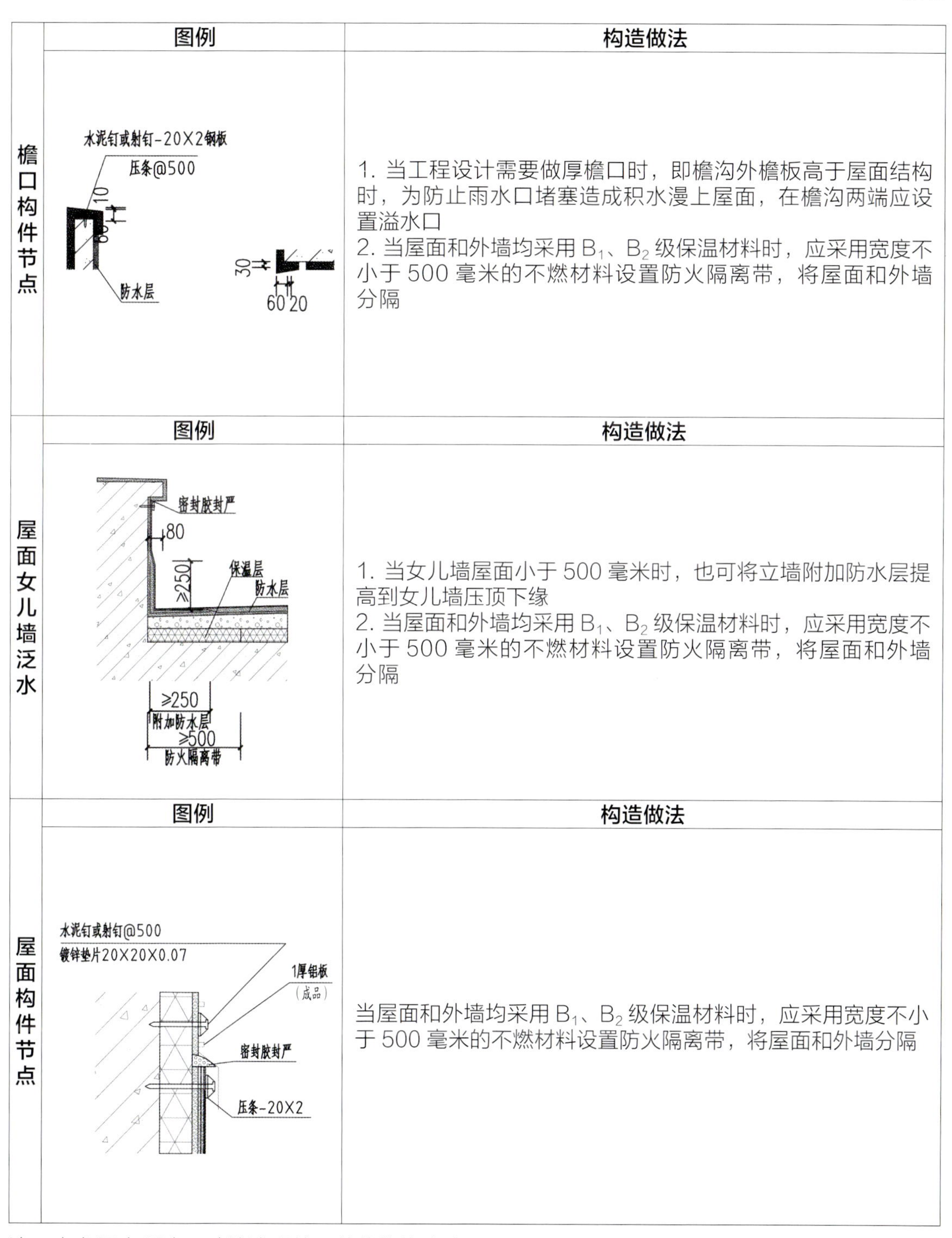

	图例	构造做法
檐口构件节点		1. 当工程设计需要做厚檐口时，即檐沟外檐板高于屋面结构时，为防止雨水口堵塞造成积水漫上屋面，在檐沟两端应设置溢水口 2. 当屋面和外墙均采用 B_1、B_2 级保温材料时，应采用宽度不小于 500 毫米的不燃材料设置防火隔离带，将屋面和外墙分隔
屋面女儿墙泛水		1. 当女儿墙屋面小于 500 毫米时，也可将立墙附加防水层提高到女儿墙压顶下缘 2. 当屋面和外墙均采用 B_1、B_2 级保温材料时，应采用宽度不小于 500 毫米的不燃材料设置防火隔离带，将屋面和外墙分隔
屋面构件节点		当屋面和外墙均采用 B_1、B_2 级保温材料时，应采用宽度不小于 500 毫米的不燃材料设置防火隔离带，将屋面和外墙分隔

注：本书图中所注尺寸除注明外，单位均为毫米。

Two-storey Villa

两层别墅

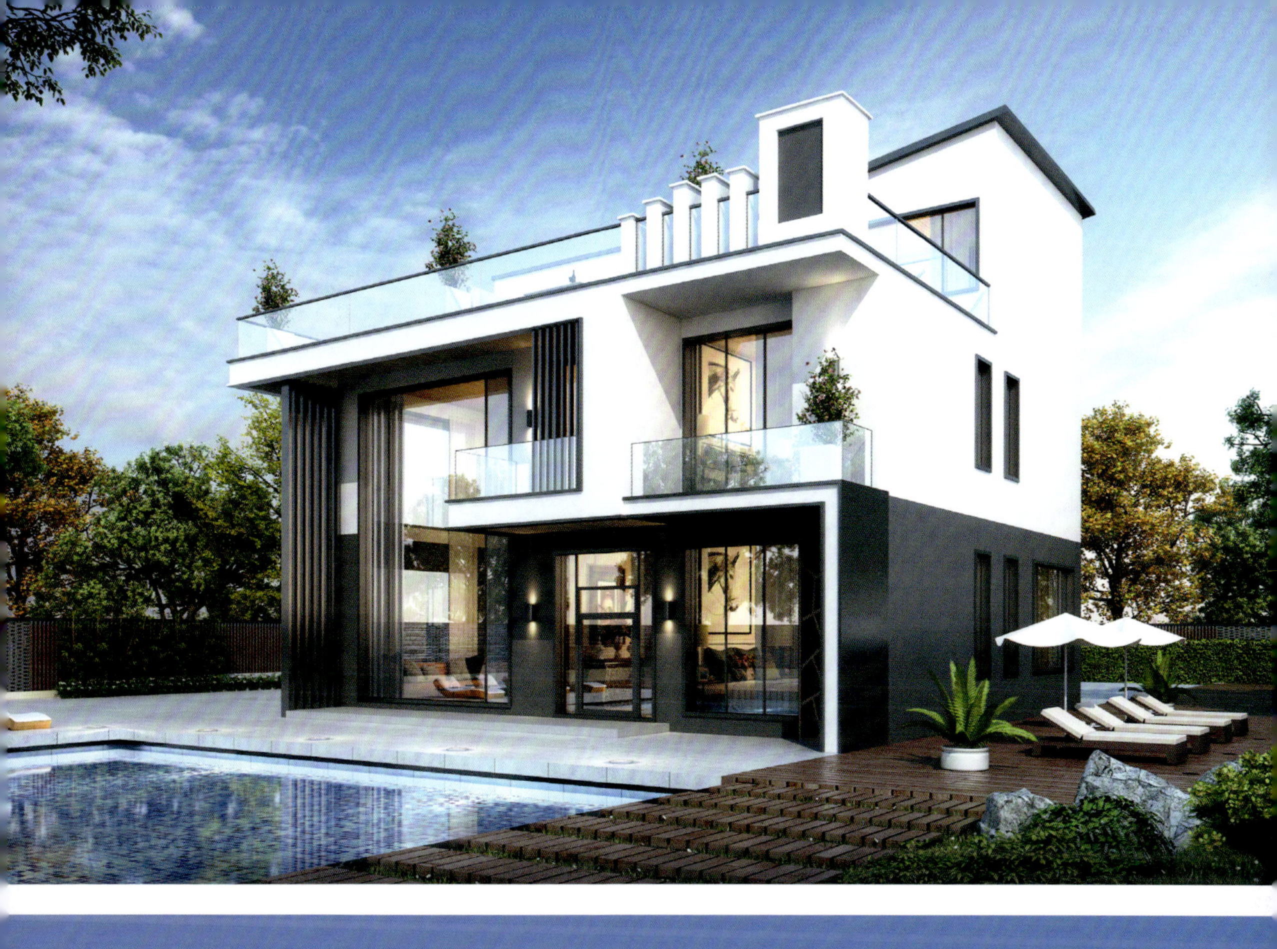

两层别墅基于生活需求设计，实用性非常强，大多考虑不过分拥挤的生活空间，同时也会保持对空间利用的克制。它并不需要像一层别墅那样精打细算空间的大小，也不会和三层别墅一样做出闲置的空间，其综合考虑的是当下人居环境，基于家庭成员较少、生活基础功能需求、内外装饰美观的原则来实施设计方案。其外部空间和内部空间的相互搭配，呈现二八原则，需要既能够有舒适惬意的内里空间，也能够有专属的户外天地，把这些理念运用结合之后，便形成了合理合适的居住环境，创造出空间美。

效果图

效果图

两层别墅 MS2007024

TWO-STOREY VILLA

一层平面图

二层平面图

户型信息

【层　　数】两 层

【结构形式】砖混结构

【开　　间】12.56 米

【进　　深】11.7 米

【占地面积】146.95 平方米

【建筑面积】291.75 平方米

【预估造价】约 35 万元

效果图

效果图

两层别墅 MS2007025

TWO-STOREY VILLA

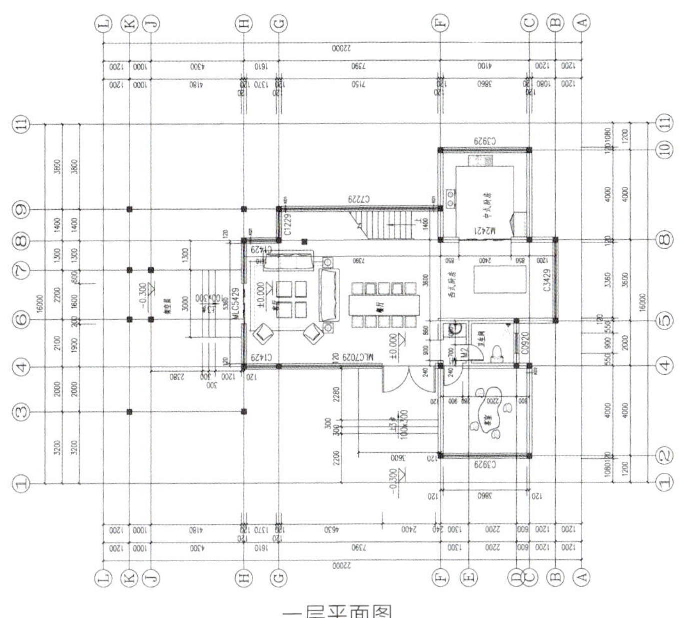

一层平面图

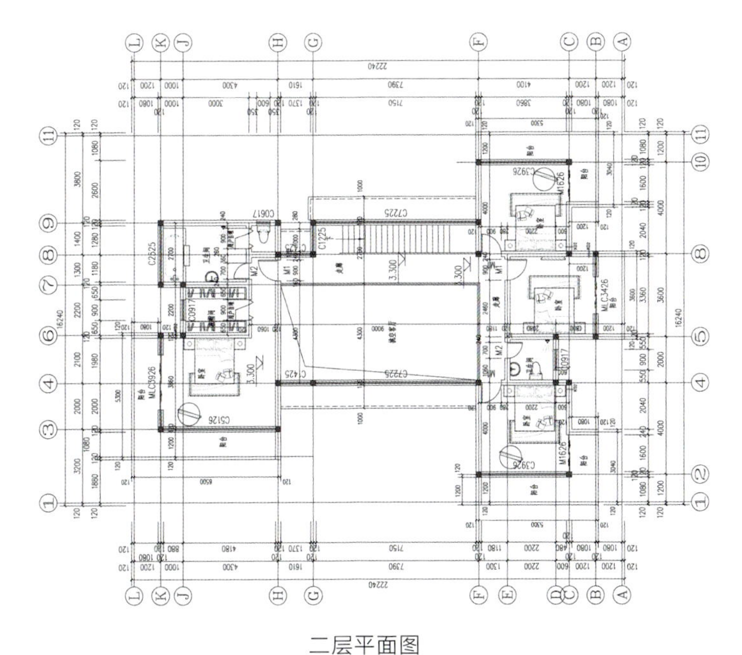

二层平面图

户型信息

【层　　数】两 层

【结构形式】框架结构

【开　　间】22.24 米

【进　　深】16.24 米

【占地面积】126.42 平方米

【建筑面积】282.4 平方米

【预估造价】约 36 万元

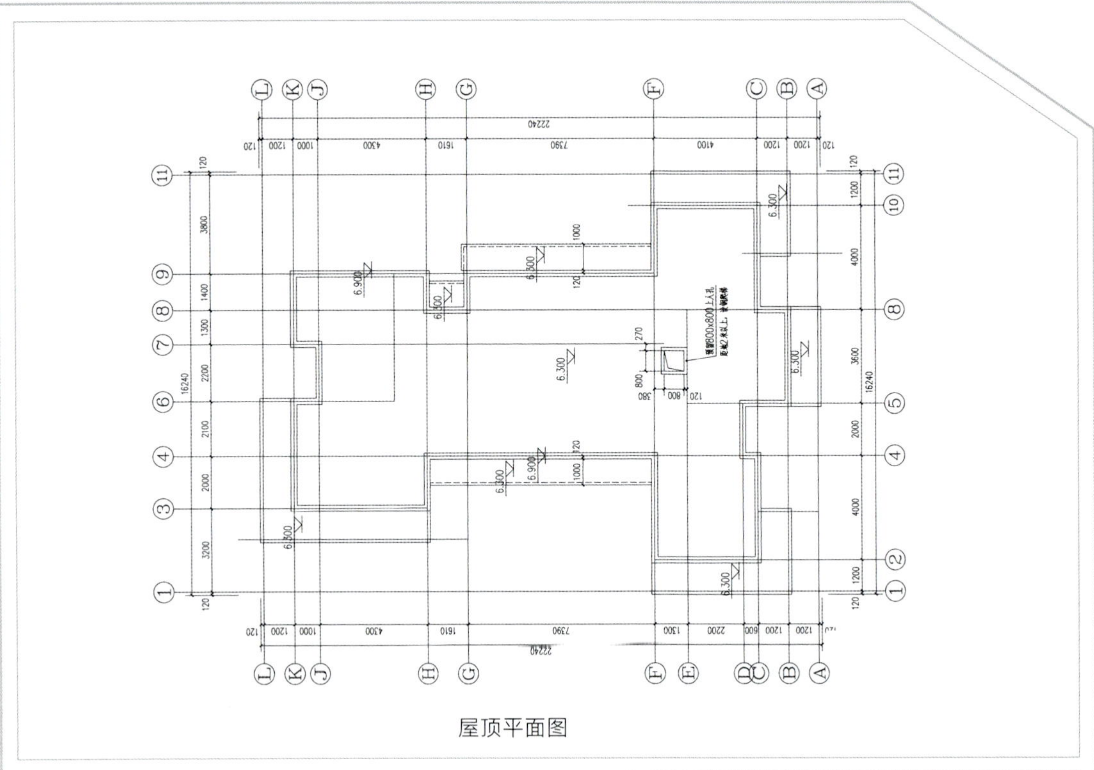

屋顶平面图

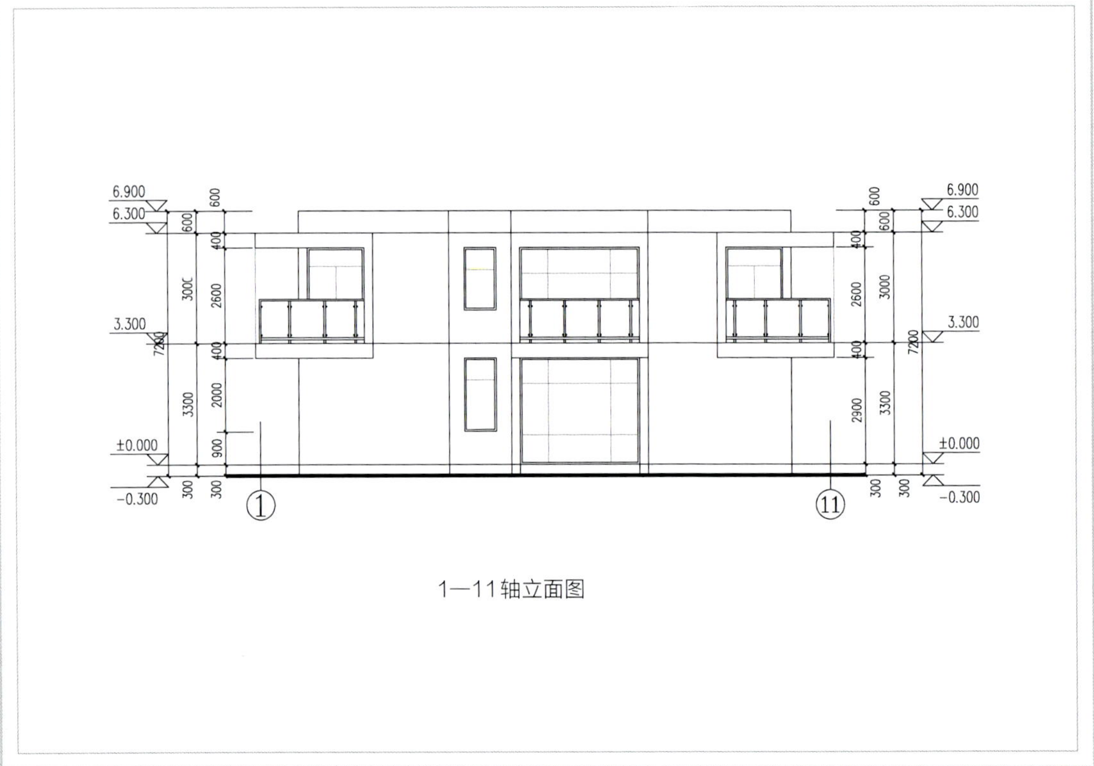

1—11轴立面图

两层别墅 MS2007025

TWO-STOREY VILLA

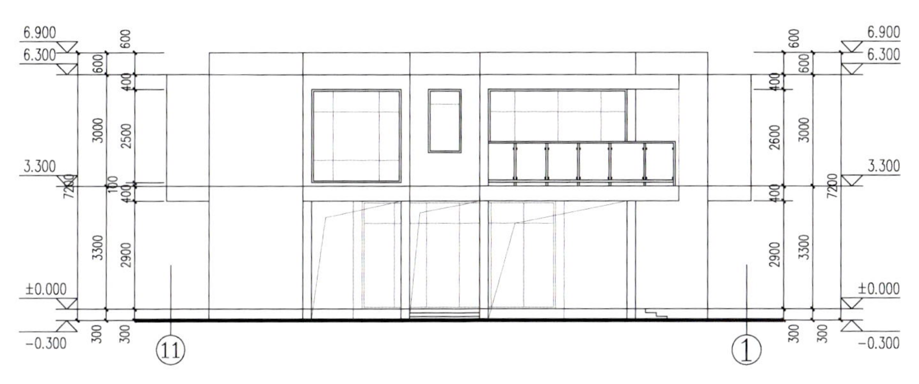

11—1 轴立面图

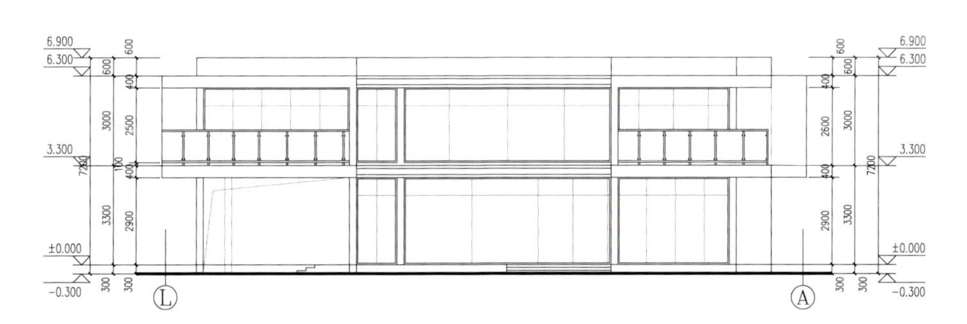

L—A 轴立面图

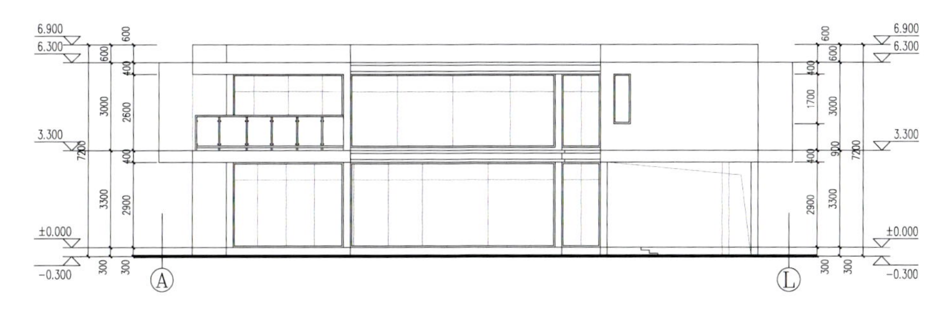

A—L 轴立面图

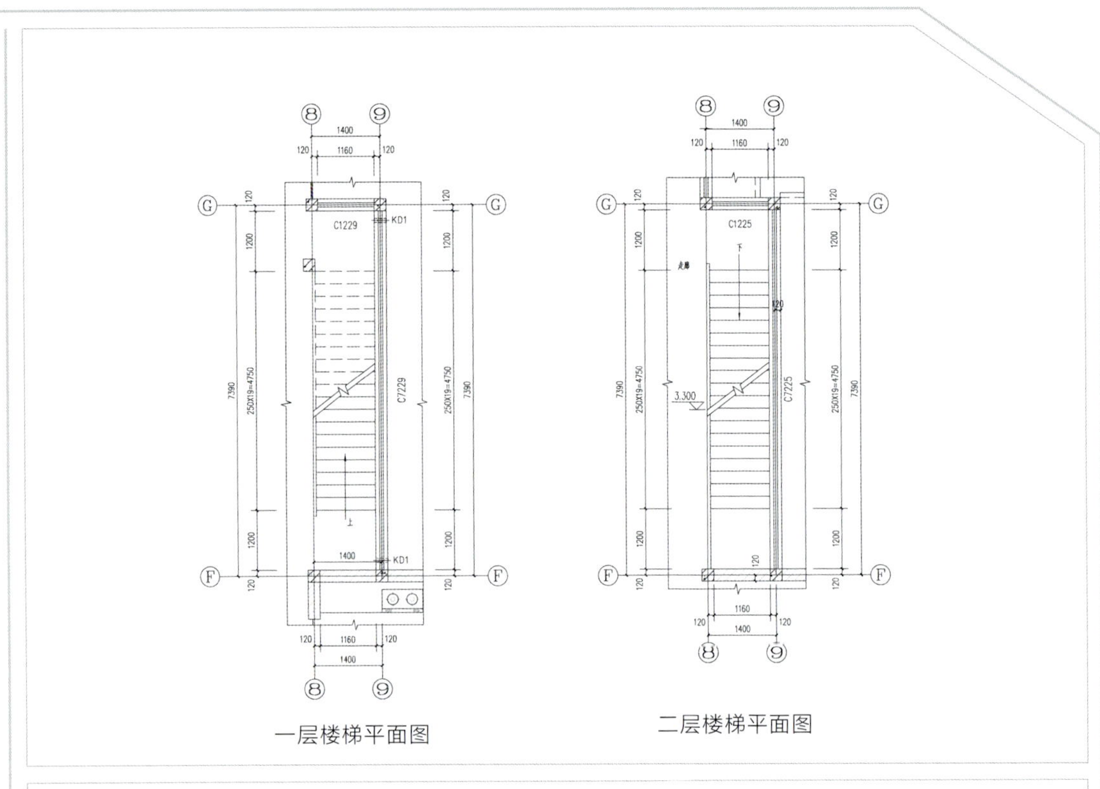

一层楼梯平面图

二层楼梯平面图

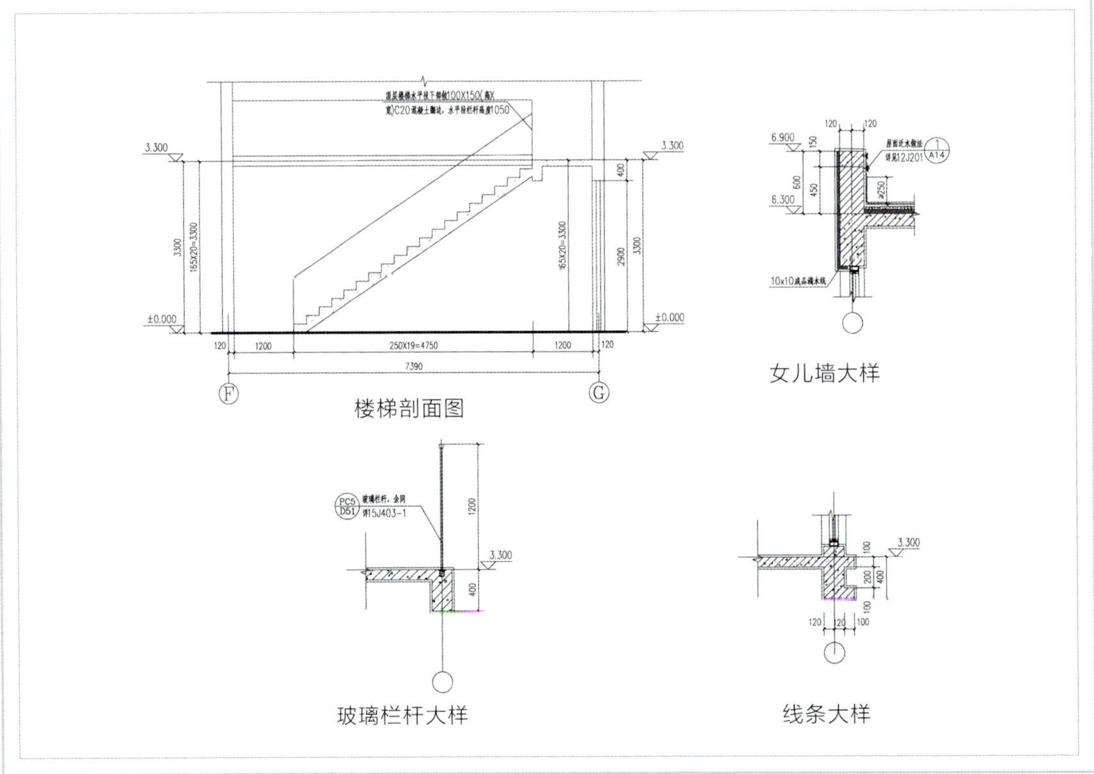

楼梯剖面图

女儿墙大样

玻璃栏杆大样

线条大样

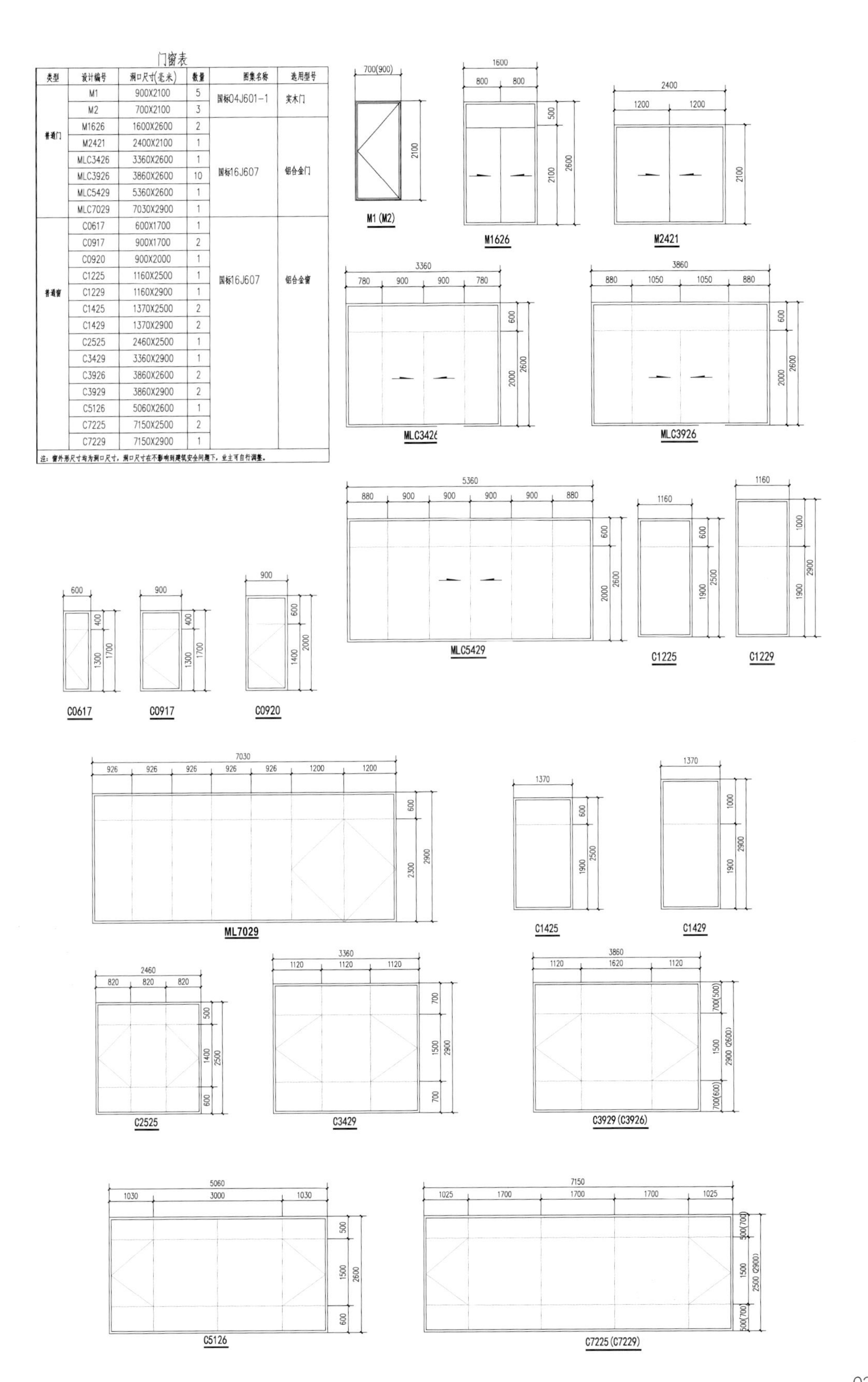

门窗表

类型	设计编号	洞口尺寸(毫米)	数量	图集名称	选用型号
普通门	M1	900X2100	5	国标04J601-1	实木门
	M2	700X2100	3		
	M1626	1600X2600	2	国标16J607	铝合金门
	M2421	2400X2100	1		
	MLC3426	3360X2600	1		
	MLC3926	3860X2600	10		
	MLC5429	5360X2600	1		
	MLC7029	7030X2900	1		
普通窗	C0617	600X1700	1	国标16J607	铝合金窗
	C0917	900X1700	2		
	C0920	900X2000	1		
	C1225	1160X2500	1		
	C1229	1160X2900	1		
	C1425	1370X2500	2		
	C1429	1370X2900	2		
	C2525	2460X2500	1		
	C3429	3360X2900	1		
	C3926	3860X2600	2		
	C3929	3860X2900	2		
	C5126	5060X2600	1		
	C7225	7150X2500	2		
	C7229	7150X2900	1		

注：窗外形尺寸均为洞口尺寸，洞口尺寸在不影响到建筑安全问题下，业主可自行调整。

效果图

效果图

两层别墅 MS2007031

TWO-STOREY VILLA

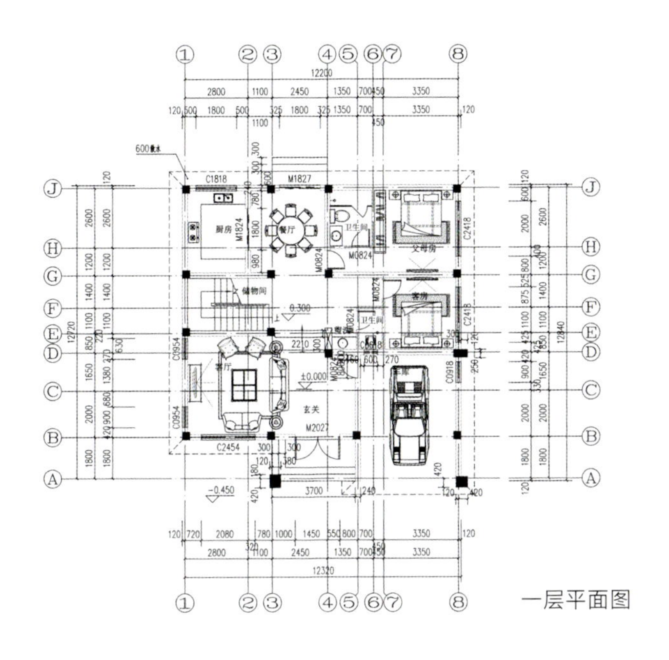

一层平面图

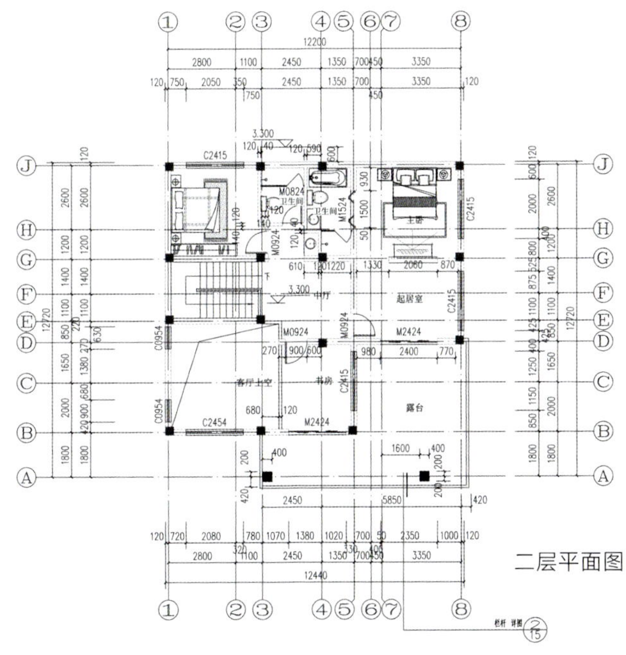

二层平面图

户型信息

【结构形式】框架结构

【占地面积】155.46 平方米

【开　　间】12.32 米

【建筑面积】242.04 平方米

【层　　数】两 层

【进　　深】12.72 米

【预估造价】约 31 万元

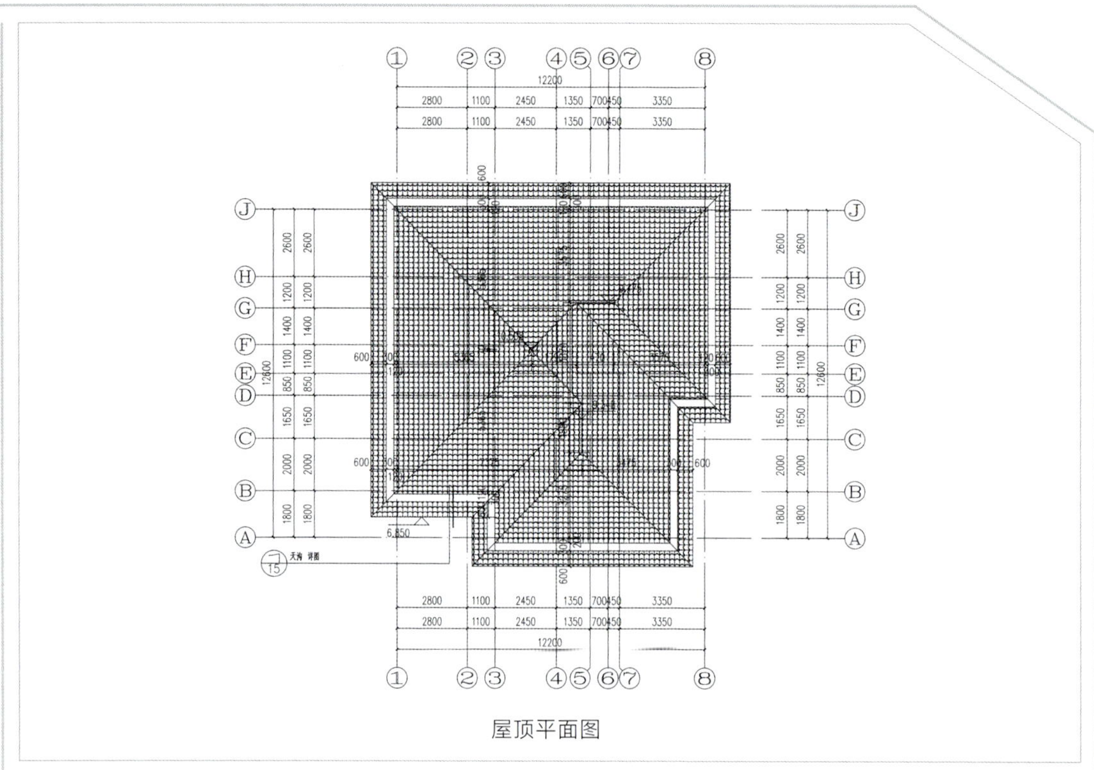

屋顶平面图

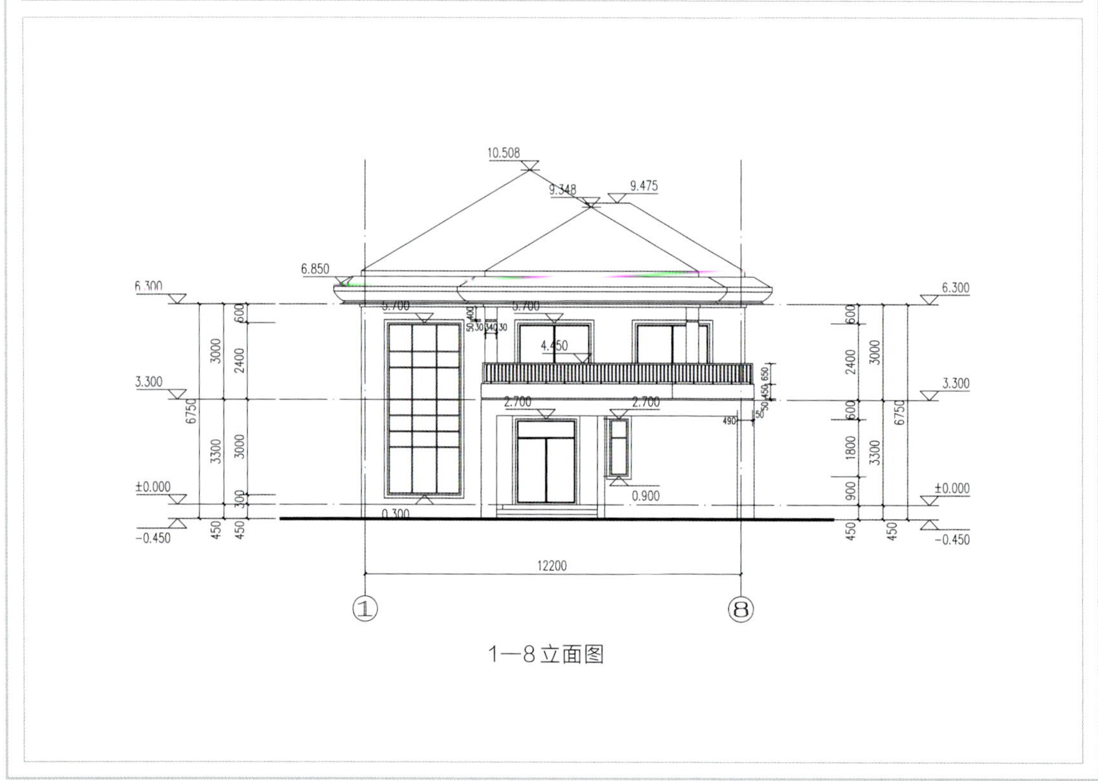

1—8立面图

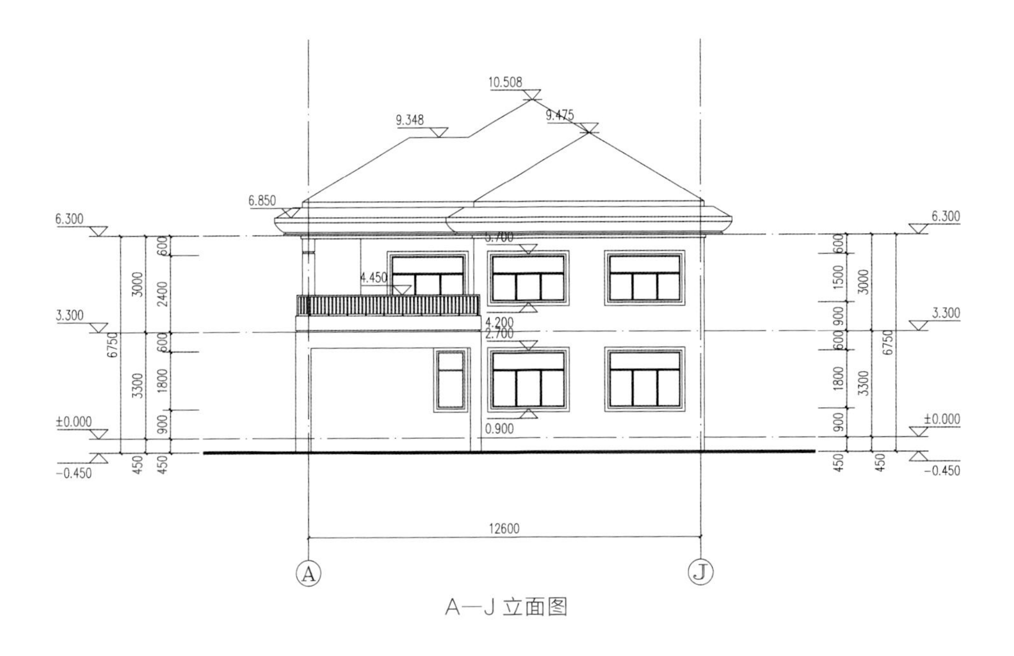
10.508
9.348
9.475
6.850
6.300
5.700
4.450
3.300
4.200
2.700
±0.000
0.900
-0.450
3000
6750
3300
600
2400
1800
900
450
1500
12600
A
J

A—J 立面图

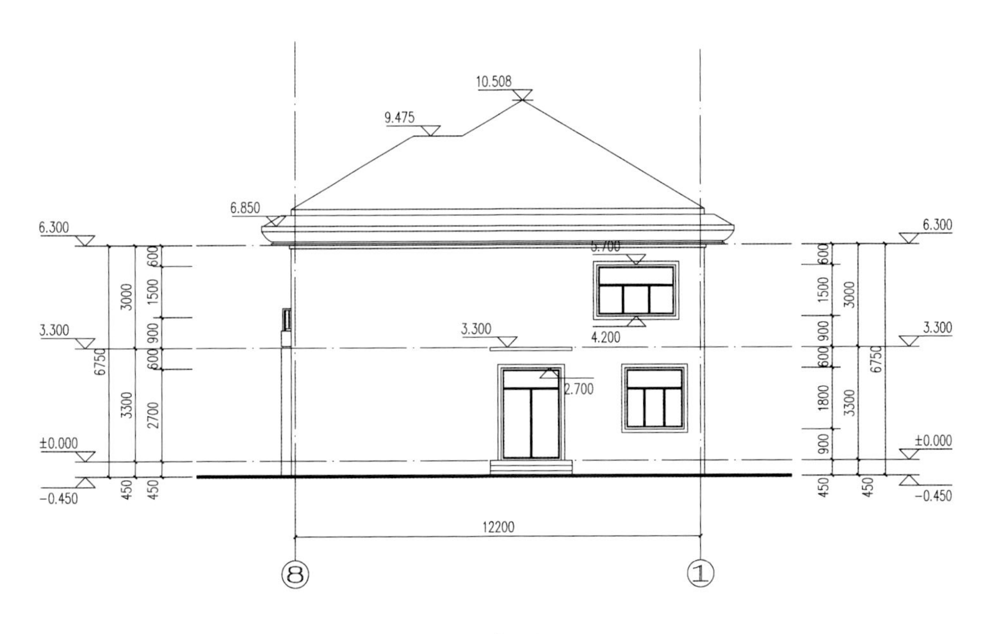
10.508
9.475
6.850
6.300
5.700
3.300
4.200
2.700
±0.000
-0.450
3000
6750
3300
600
1500
900
2700
1800
450
12200
8
1

8—1 立面图

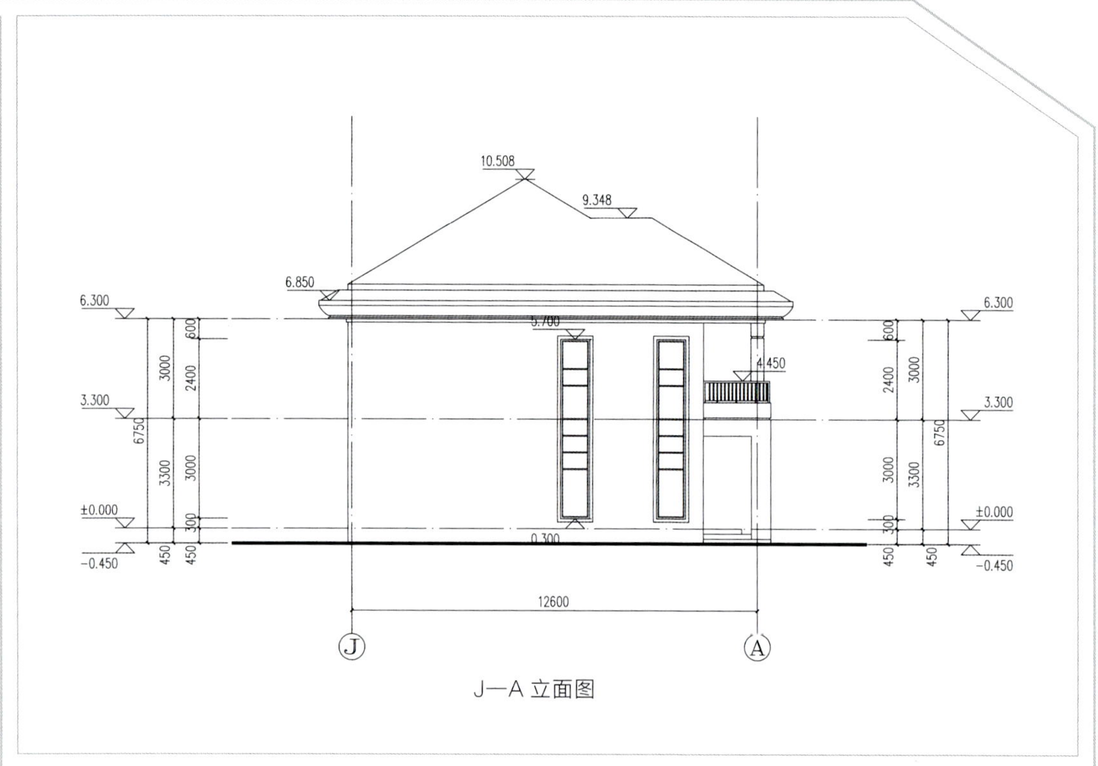

J—A 立面图

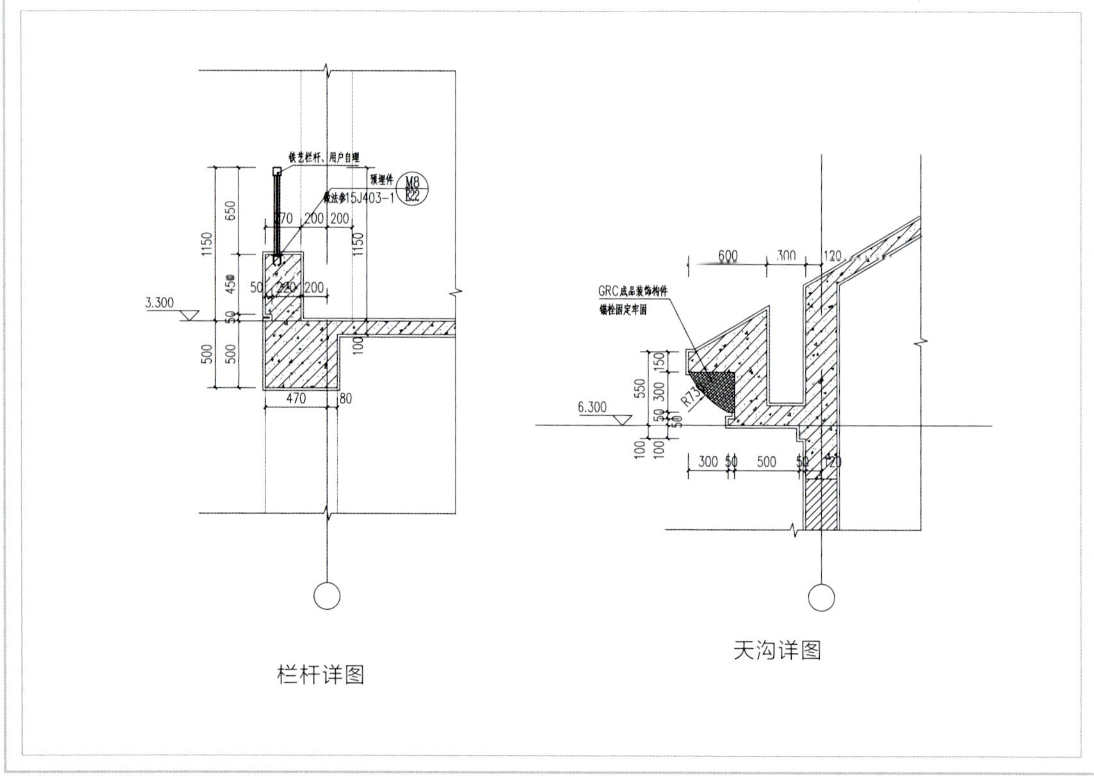

栏杆详图

天沟详图

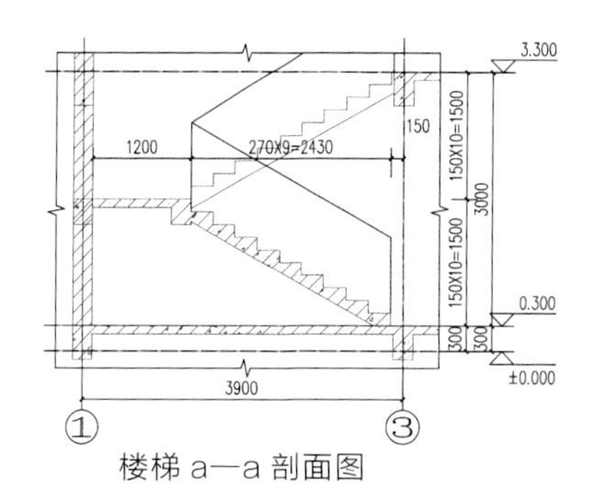

楼梯 a—a 剖面图

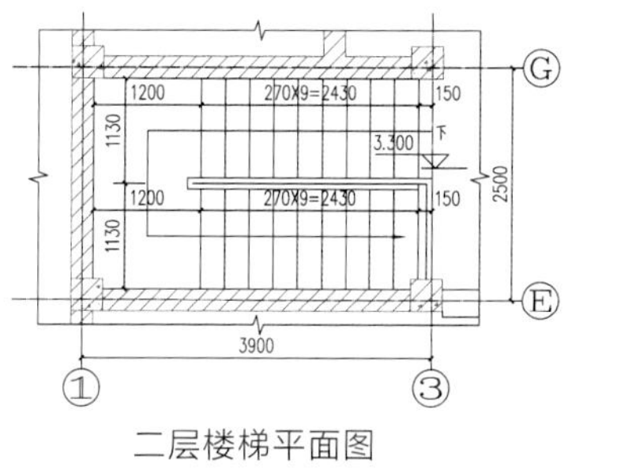

二层楼梯平面图

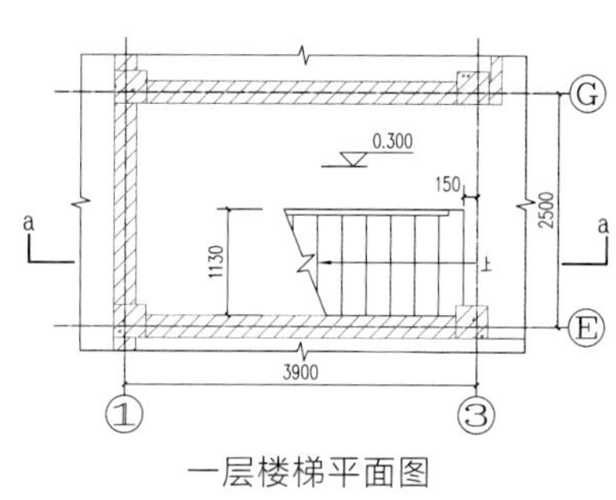

一层楼梯平面图

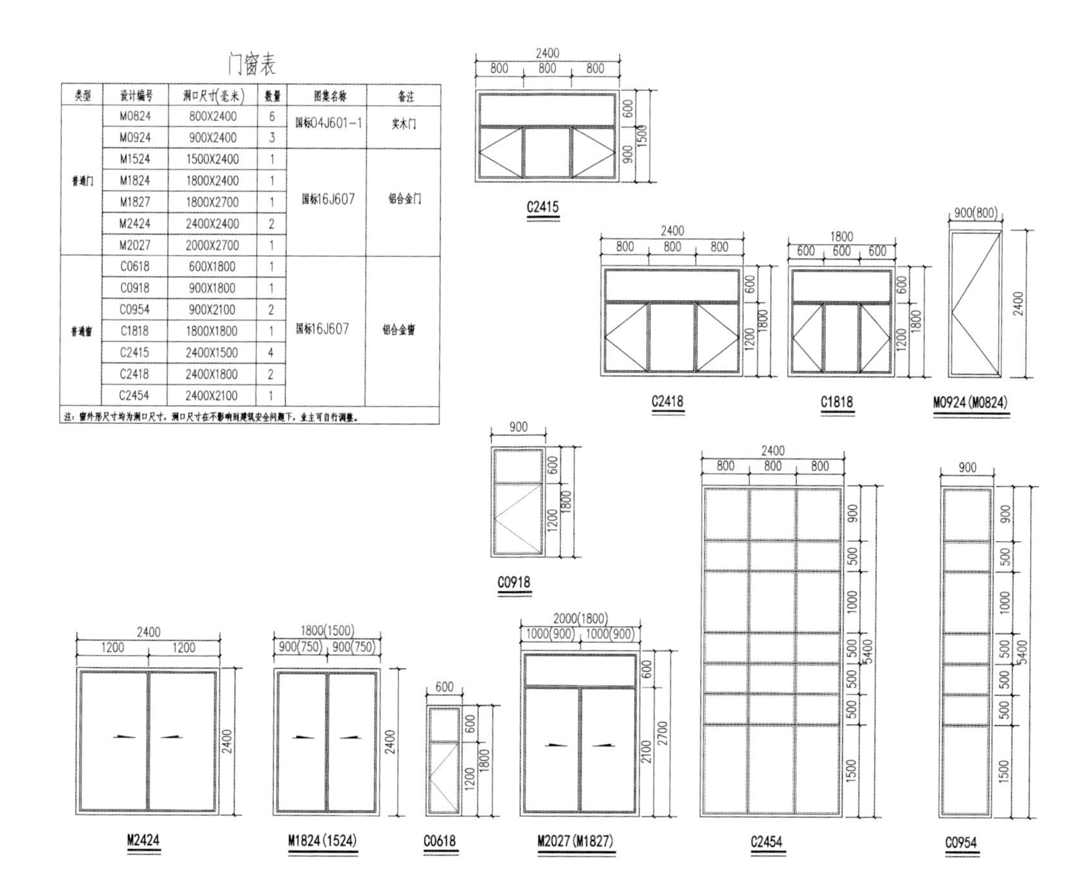

门窗表

类型	设计编号	洞口尺寸(毫米)	数量	图集名称	备注
普通门	M0824	800X2400	6	国标04J601-1	实木门
	M0924	900X2400	3		
	M1524	1500X2400	1	国标16J607	铝合金门
	M1824	1800X2400	1		
	M1827	1800X2700	1		
	M2424	2400X2400	2		
	M2027	2000X2700	1		
普通窗	C0618	600X1800	1	国标16J607	铝合金窗
	C0918	900X1800	1		
	C0954	900X2100	2		
	C1818	1800X1800	1		
	C2415	2400X1500	4		
	C2418	2400X1800	2		
	C2454	2400X2100	1		
注：窗外形尺寸均为洞口尺寸，洞口尺寸在不影响到建筑安全问题下，业主可自行调整。					

效果图

效果图

两层别墅 MS2007024

TWO-STOREY VILLA

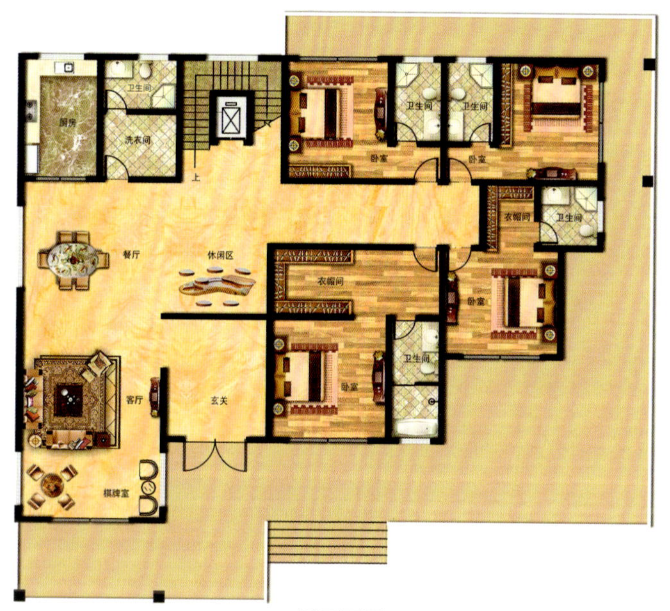

一层平面图

二层平面图

户型信息

	【结构形式】框架结构	【占地面积】464.92 平方米
	【开　　间】24.1 米	【建筑面积】624.6 平方米
【层　　数】两 层	【进　　深】21.6 米	【预估造价】约 78 万元

效果图

效果图

两层别墅 MS2007054

TWO-STOREY VILLA

一层平面图

二层平面图

户型信息

【层　　数】两 层

【结构形式】砖混结构

【开　　间】18 米

【进　　深】14.4 米

【占地面积】204.26 平方米

【建筑面积】414.65 平方米

【预估造价】约 47 万元

效果图

效果图

两层别墅 MS2007024

TWO-STOREY VILLA

一层平面图

二层平面图

户型信息

【层　　数】两 层

【结构形式】框架结构

【开　　间】17.44 米

【进　　深】17.24 米

【占地面积】300.67 平方米

【建筑面积】347.75 平方米

【预估造价】约 45 万元

效果图

效果图

两层别墅 MS2107013

TWO-STOREY VILLA

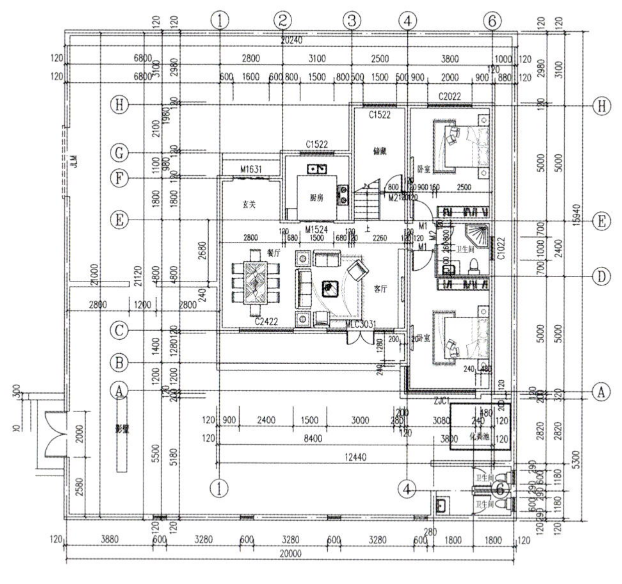

总平面图

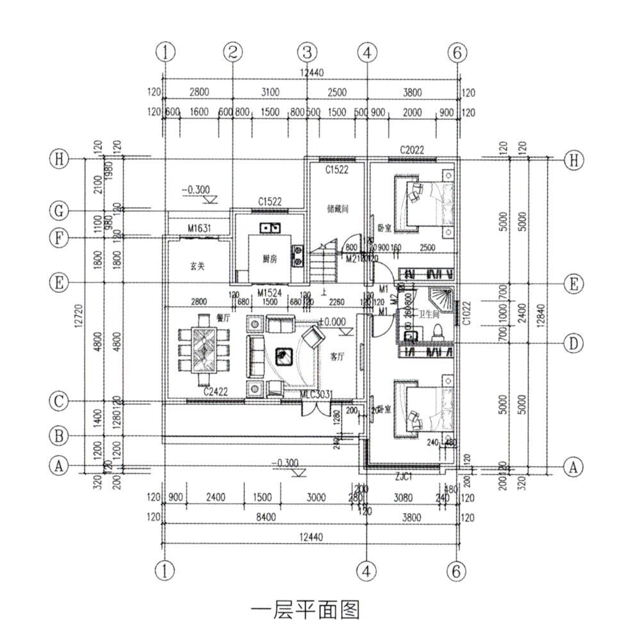

一层平面图

户型信息

【层　　数】两 层	【结构形式】砖混结构	【占地面积】318.80 平方米
	【开　　间】20 米	【建筑面积】257.56 平方米
	【进　　深】12.84 米	【预估造价】约 30 万元

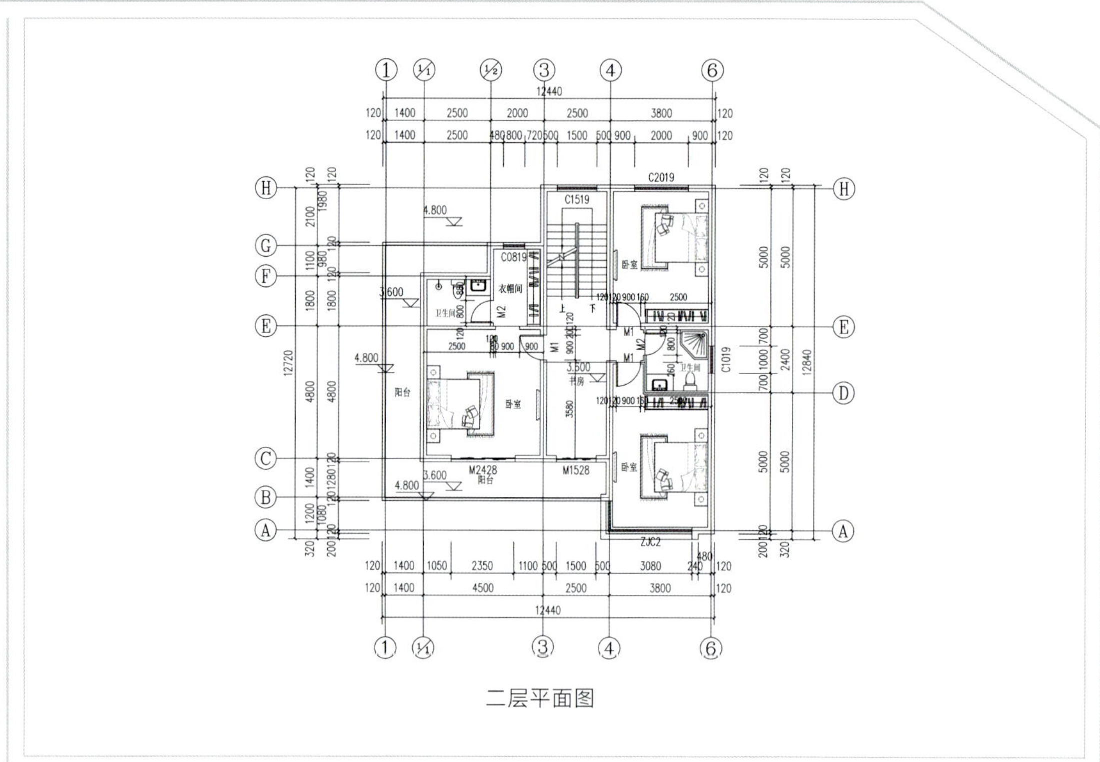

二层平面图

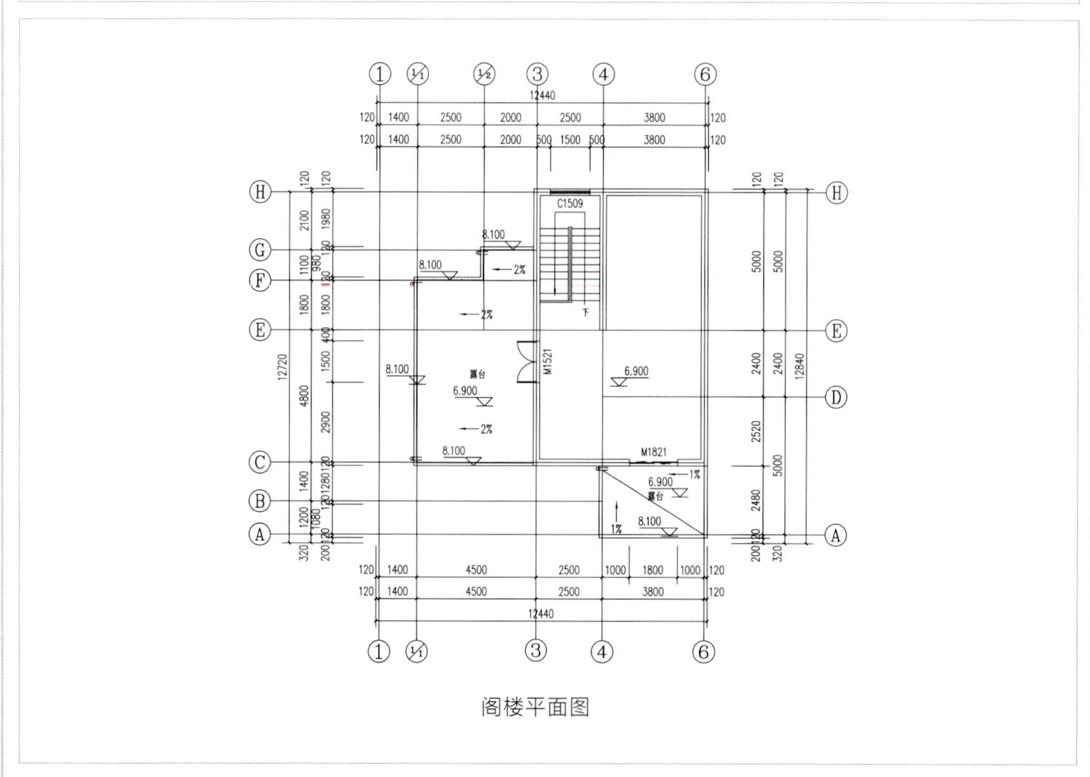

阁楼平面图

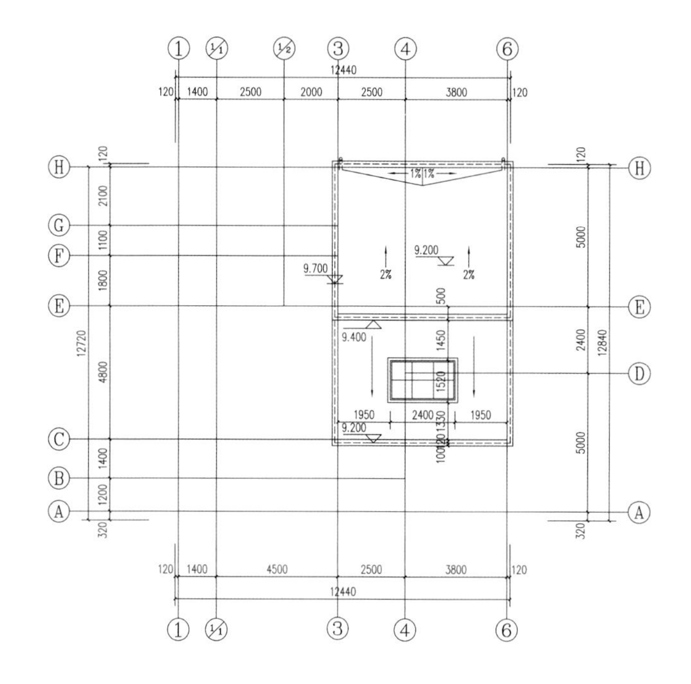

屋顶平面图

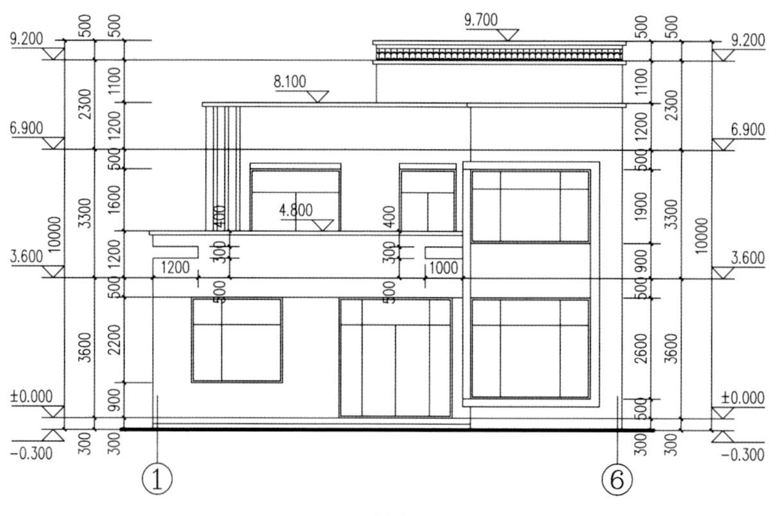

1—6 轴立面图

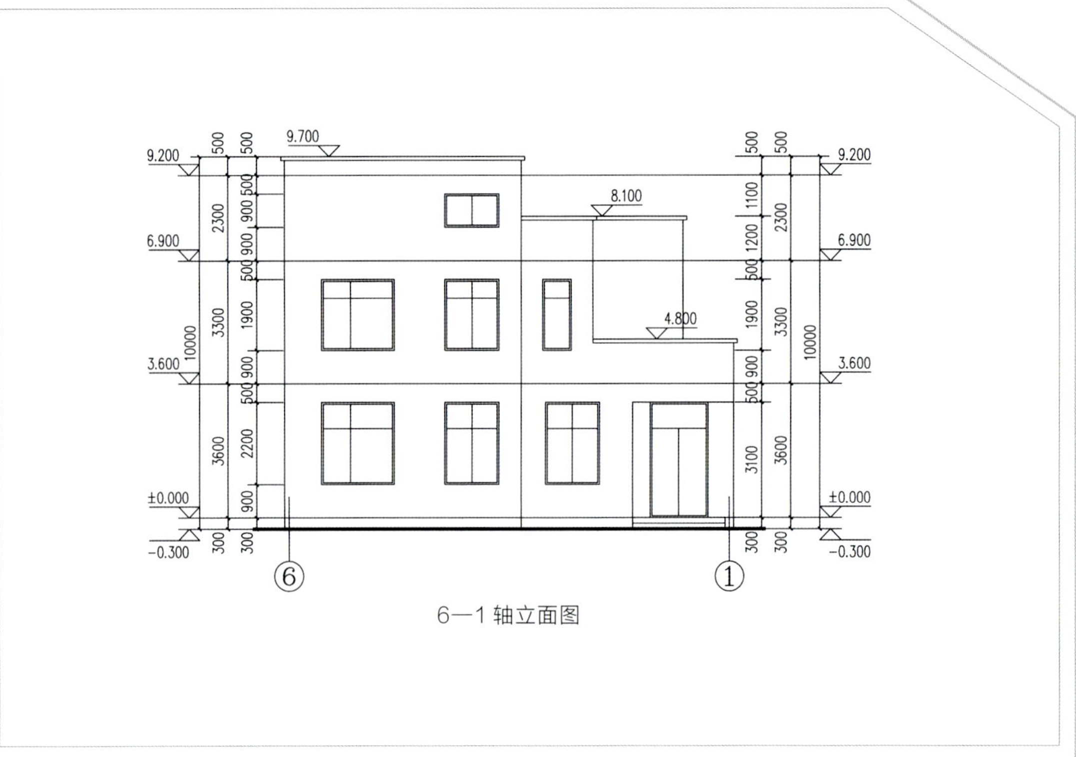

6—1 轴立面图

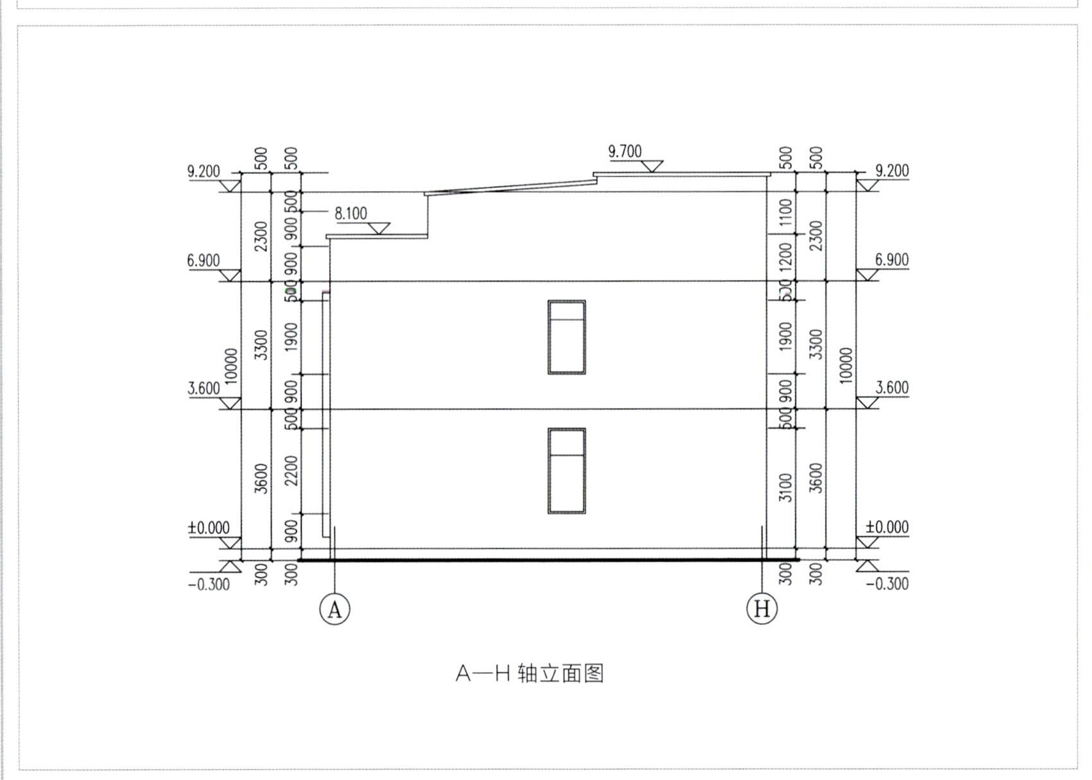

A—H 轴立面图

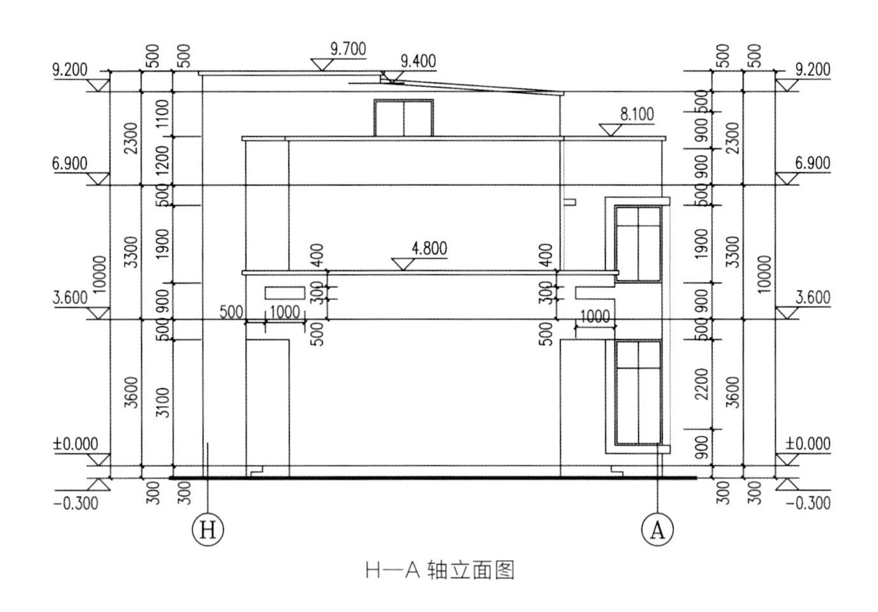

H—A 轴立面图

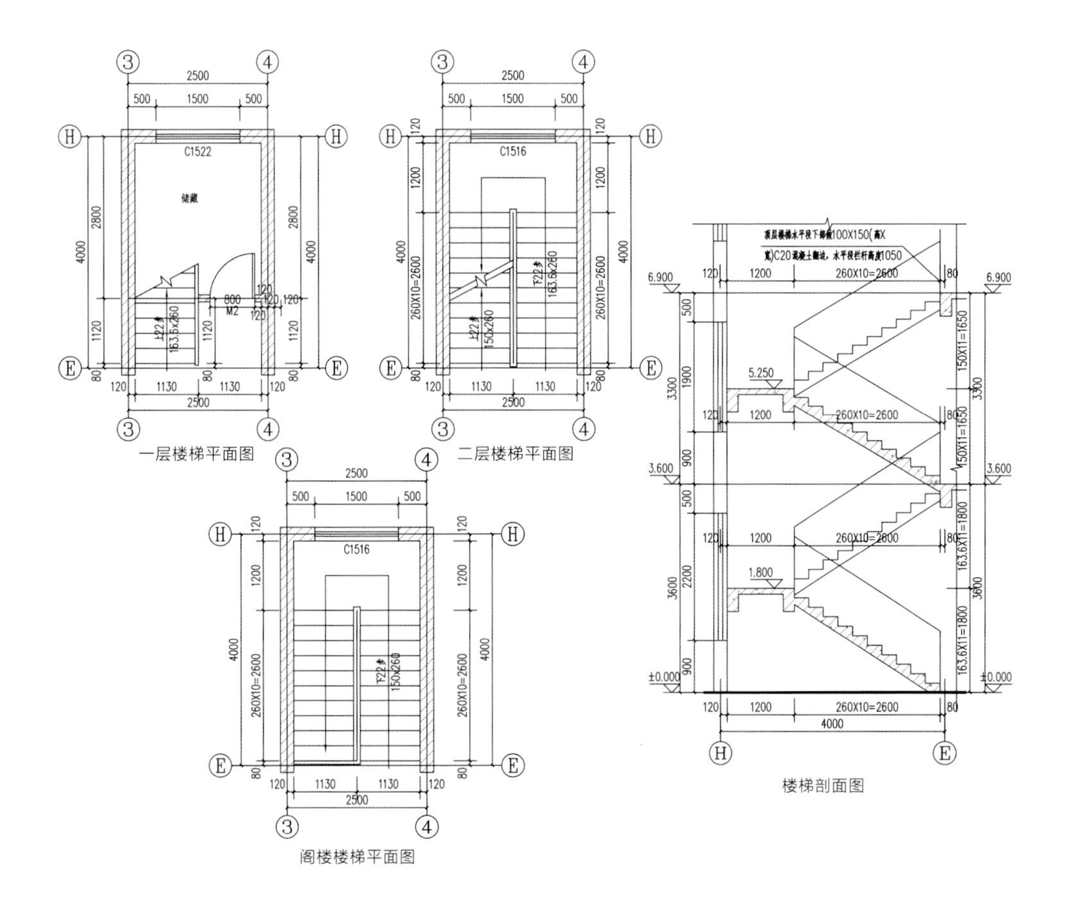

一层楼梯平面图

二层楼梯平面图

阁楼楼梯平面图

楼梯剖面图

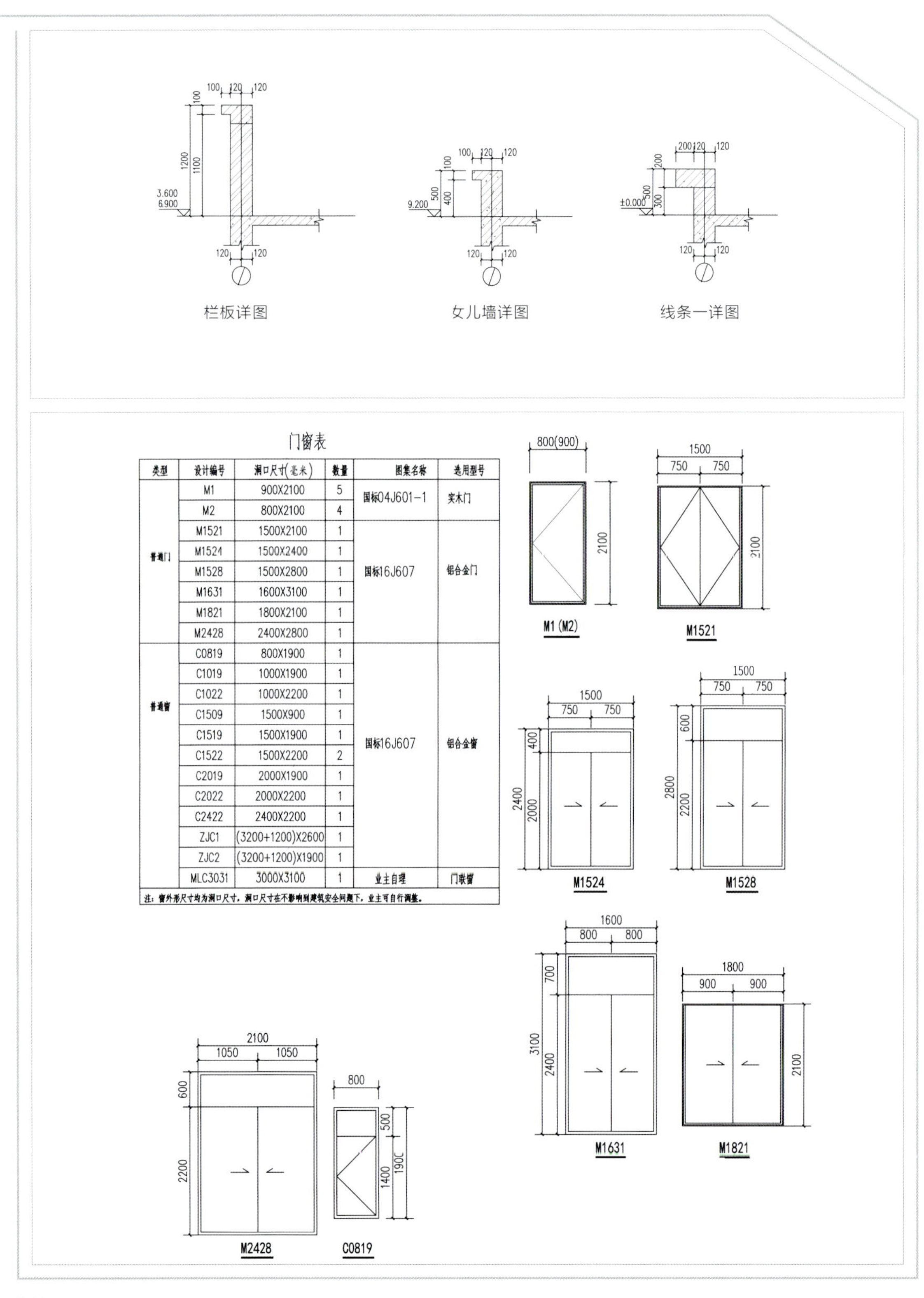

门窗表

类型	设计编号	洞口尺寸(毫米)	数量	图集名称	选用型号
普通门	M1	900X2100	5	国标04J601-1	实木门
	M2	800X2100	4		
	M1521	1500X2100	1	国标16J607	铝合金门
	M1524	1500X2400	1		
	M1528	1500X2800	1		
	M1631	1600X3100	1		
	M1821	1800X2100	1		
	M2428	2400X2800	1		
普通窗	C0819	800X1900	1	国标16J607	铝合金窗
	C1019	1000X1900	1		
	C1022	1000X2200	1		
	C1509	1500X900	1		
	C1519	1500X1900	1		
	C1522	1500X2200	2		
	C2019	2000X1900	1		
	C2022	2000X2200	1		
	C2422	2400X2200	1		
	ZJC1	(3200+1200)X2600	1		
	ZJC2	(3200+1200)X1900	1		
	MLC3031	3000X3100	1	业主自理	门联窗

注：窗外形尺寸均为洞口尺寸，洞口尺寸在不影响到建筑安全问题下，业主可自行调整。

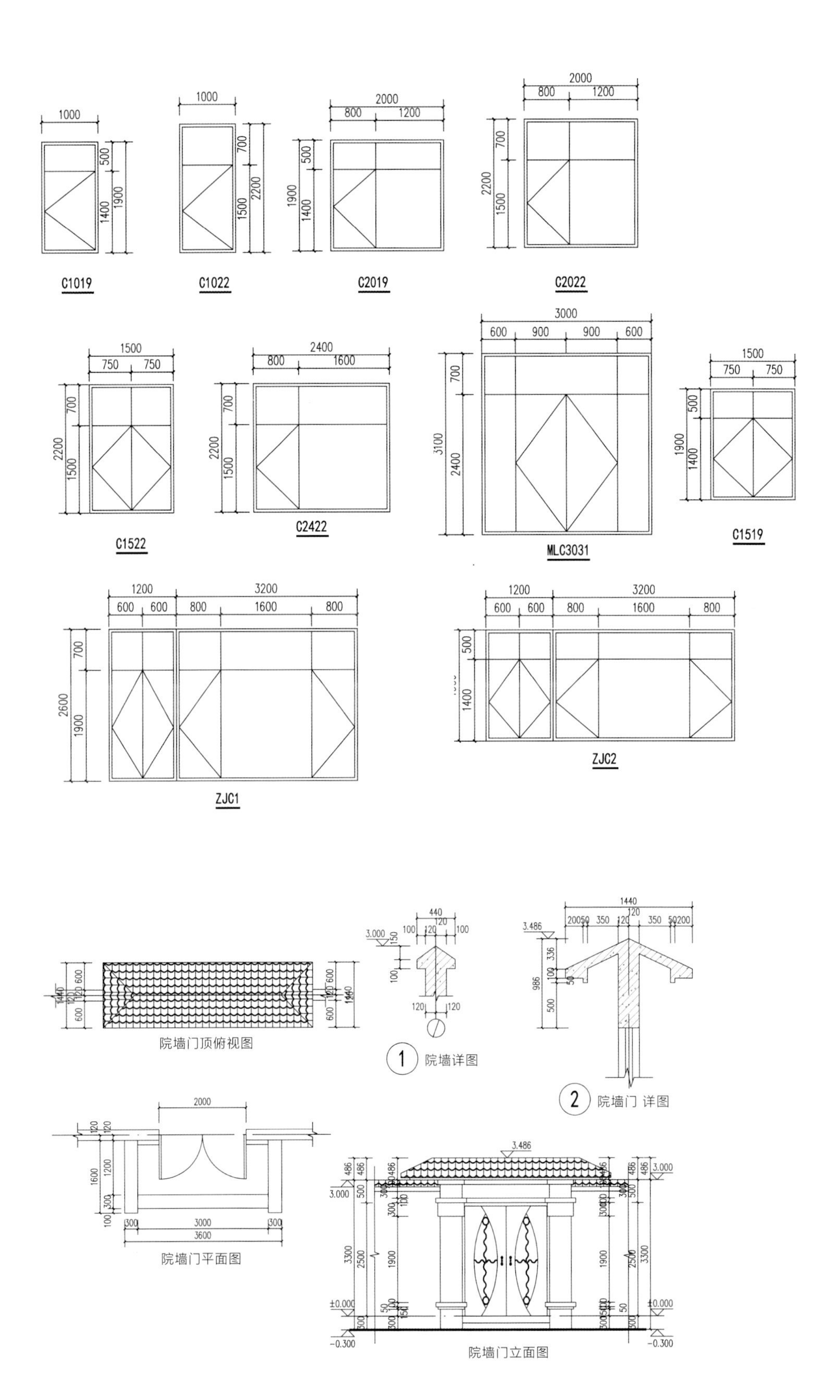

C1019
C1022
C2019
C2022
C1522
C2422
MLC3031
C1519
ZJC1
ZJC2
院墙门顶俯视图
1 院墙详图
2 院墙门 详图
院墙门平面图
院墙门立面图

效果图

效果图

两层别墅 MS2107015

DESIGN OF A TWO-STOREY VILLA

一层平面图

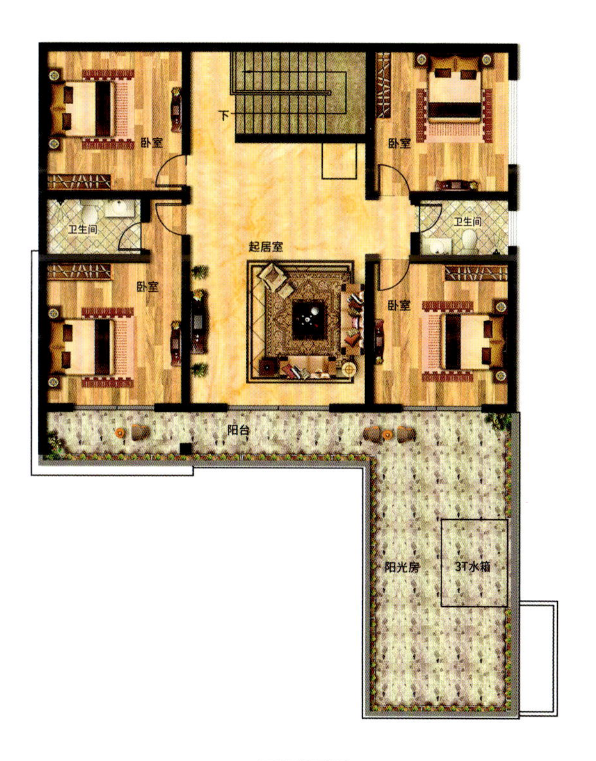

二层平面图

户型信息

【层　　数】两 层

【结构形式】框架结构

【开　　间】14 米

【进　　深】19 米

【占地面积】266 平方米

【建筑面积】368.59 平方米

【预估造价】约 45 万元

效果图

效果图

M 两层别墅 MS2107023

TWO-STOREY VILLA

一层平面图

二层平面图

户型信息

【层　　数】两 层

【结构形式】砖混结构

【开　　间】16.88 米

【进　　深】11.38 米

【占地面积】159.62 平方米

【建筑面积】319.43 平方米

【预估造价】约 39 万元

效果图

效果图

两层别墅 MS2107029

DESIGN OF A TWO-STOREY VILLA

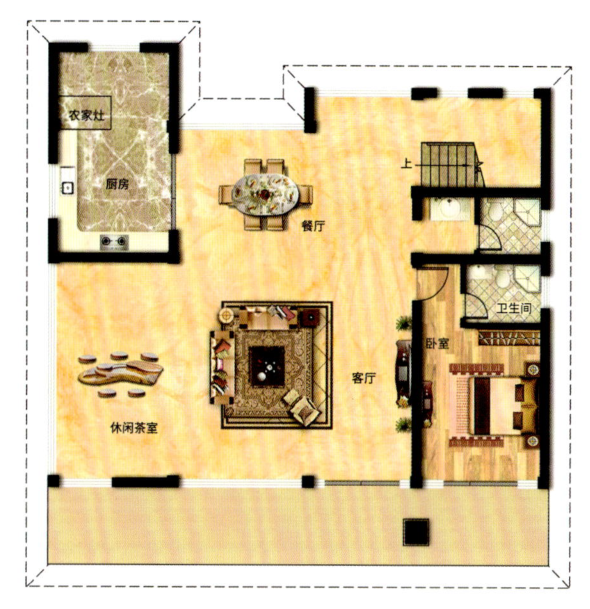

一层平面图

二层平面图

户型信息

【层　　数】两 层

【结构形式】框架结构

【开　　间】14.04 米

【进　　深】14.02 米

【占地面积】182.84 平方米

【建筑面积】400.24 平方米

【预估造价】约 49 万元

效果图

效果图

两层别墅 MS2107043

TWO-STOREY VILLA

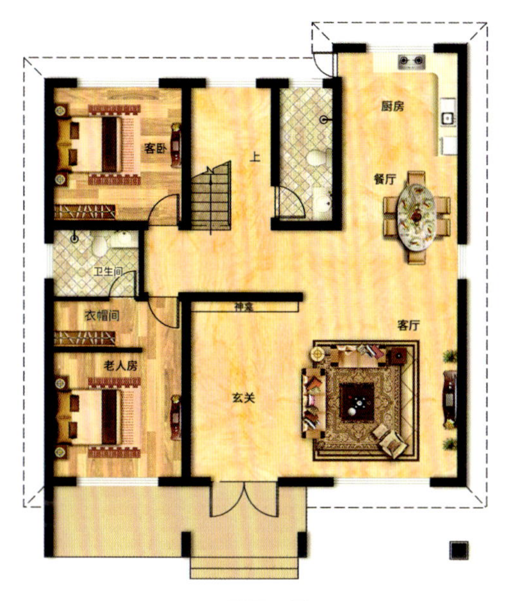

一层平面图

二层平面图

户型信息

【层　　数】两　层

【结构形式】砖混结构

【开　　间】12.24 米

【进　　深】14.44 米

【占地面积】168.35 平方米

【建筑面积】285.86 平方米

【预估造价】约 34 万元

效果图

效果图

两层别墅 MS2107050

TWO-STOREY VILLA

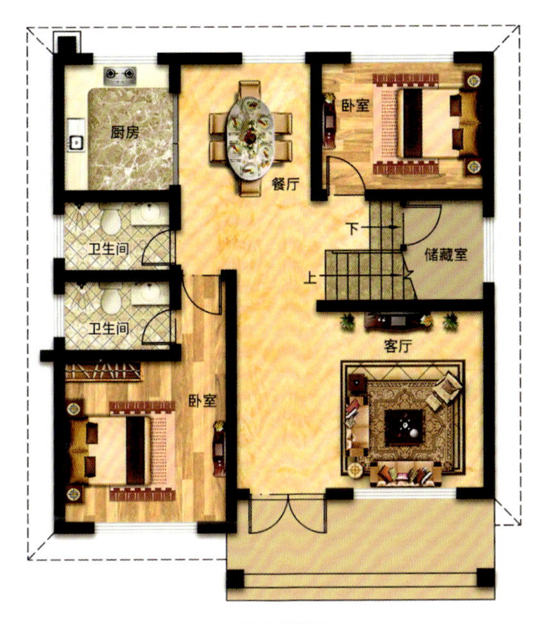

一层平面图

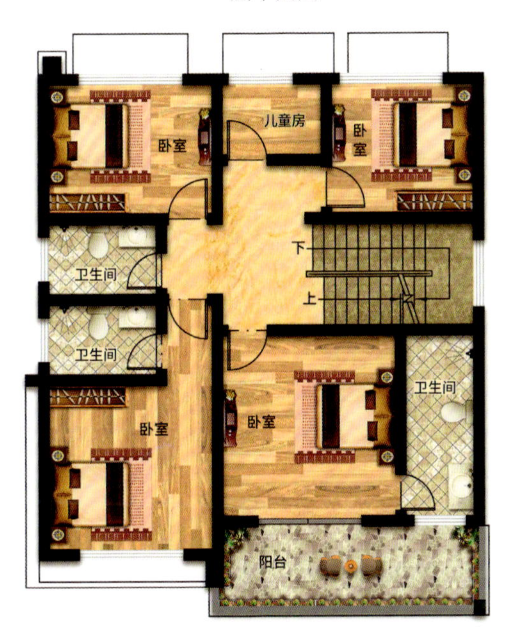

二层平面图

户型信息

【层　　数】两 层

【结构形式】砖混结构

【开　　间】10.26 米

【进　　深】11.88 米

【占地面积】118.98 平方米

【建筑面积】270.02 平方米

【预估造价】约 32 万元

效果图

效果图

两层别墅 MS2107052

TWO-STOREY VILLA

一层平面图

二层平面图

户型信息

【层　　数】两 层

【结构形式】砖混结构

【开　　间】14.26 米

【进　　深】13.84 米

【占地面积】178.54 平方米

【建筑面积】414.69 平方米

【预估造价】约 47 万元

效果图

效果图

两层别墅 MS2107056

TWO-STOREY VILLA

一层平面图

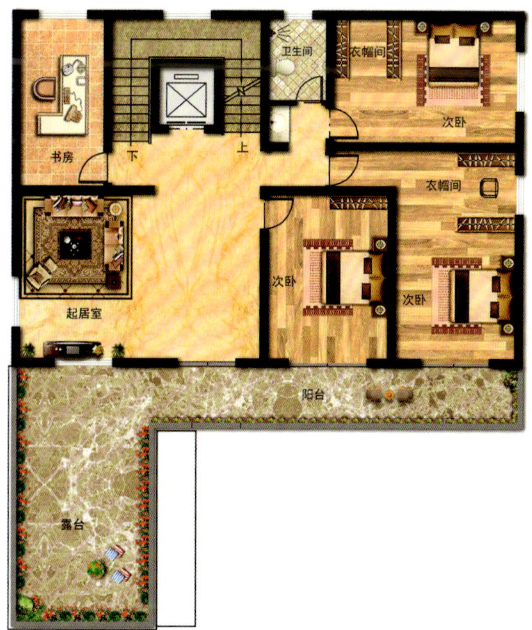

二层平面图

户型信息

【层　　数】两 层

【结构形式】砖混结构

【开　　间】15.64 米

【进　　深】18.24 米

【占地面积】226.27 平方米

【建筑面积】439.20 平方米

【预估造价】约 52 万元

效果图

效果图

两层别墅 MS2107059

TWO-STOREY VILLA

一层平面图

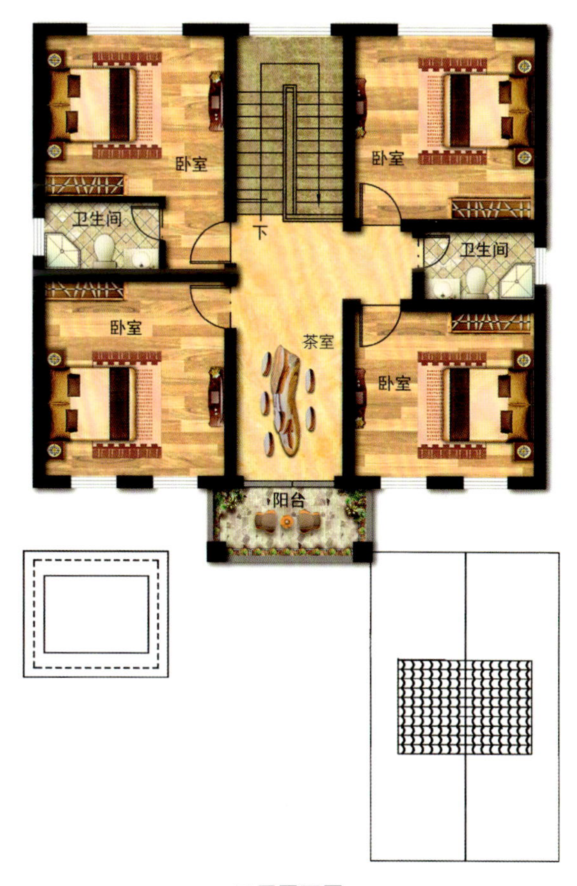

二层平面图

户型信息

【层　　数】两 层	【结构形式】砖混结构	【占地面积】234.82 平方米
	【开　　间】11.24 米	【建筑面积】260.32 平方米
	【进　　深】20.24 米	【预估造价】约 28 万元

效果图

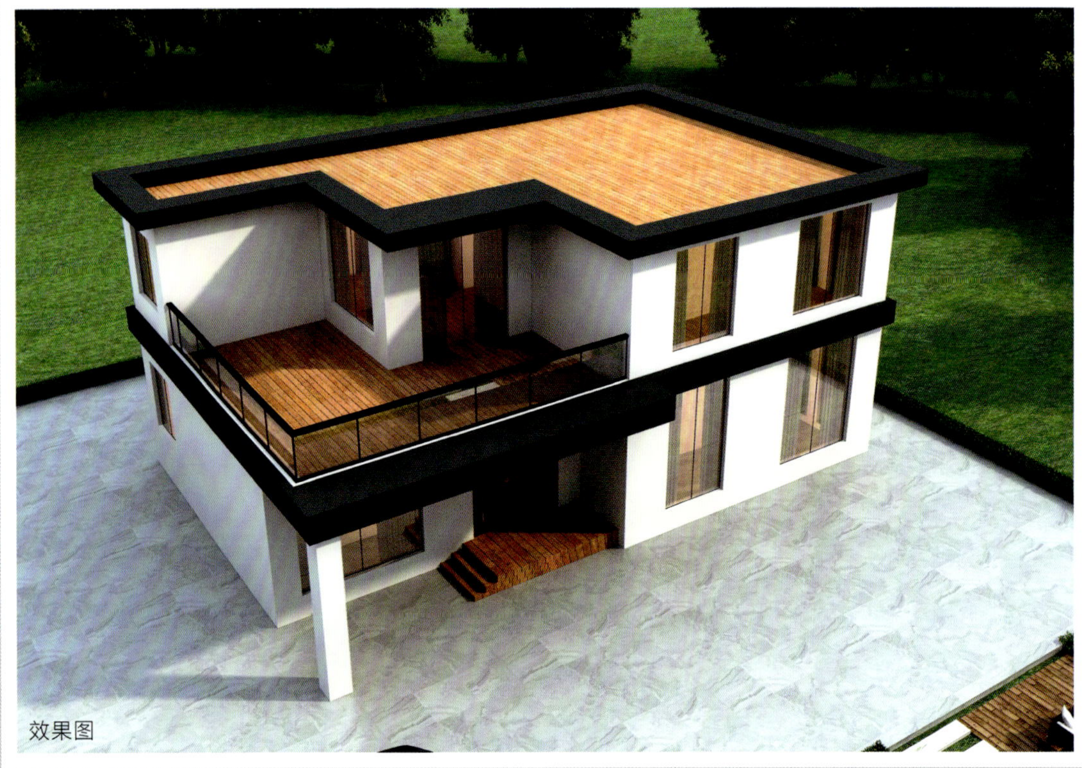

效果图

两层别墅 MS2107069

TWO-STOREY VILLA

一层平面图

二层平面图

户型信息

【层　　数】两 层

【结构形式】砖混结构

【开　　间】16.24 米

【进　　深】10.24 米

【占地面积】166.30 平方米

【建筑面积】278.32 平方米

【预估造价】约 33 万元

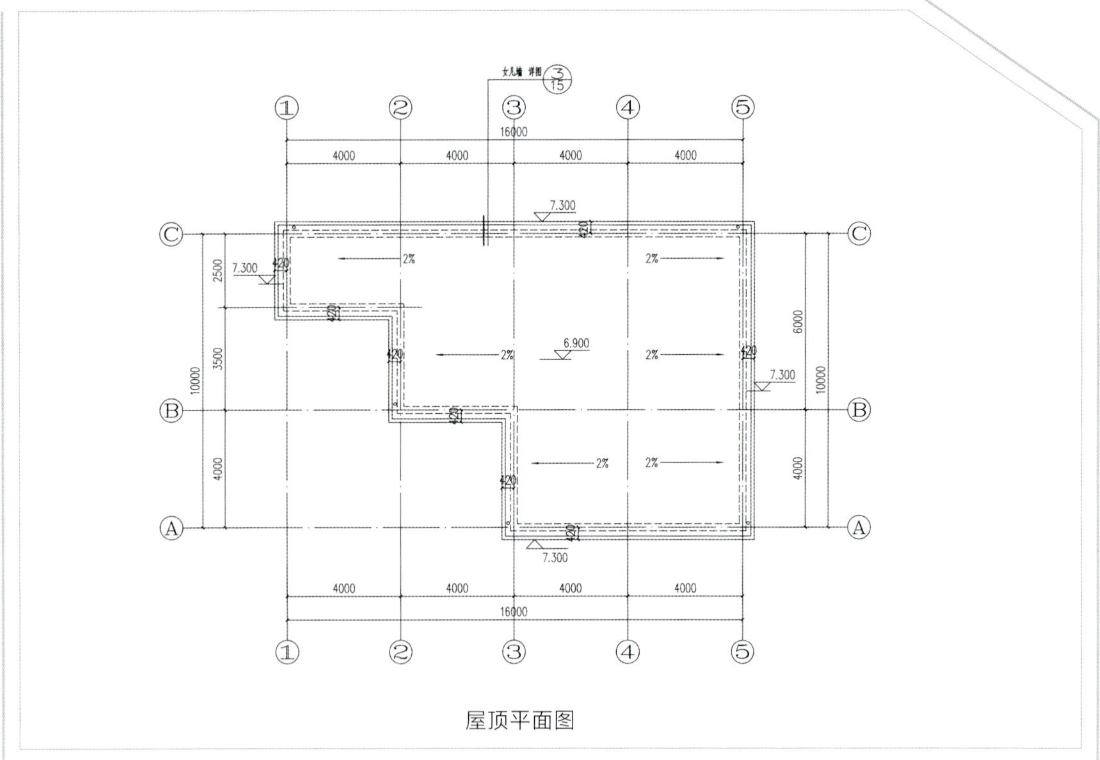

屋顶平面图

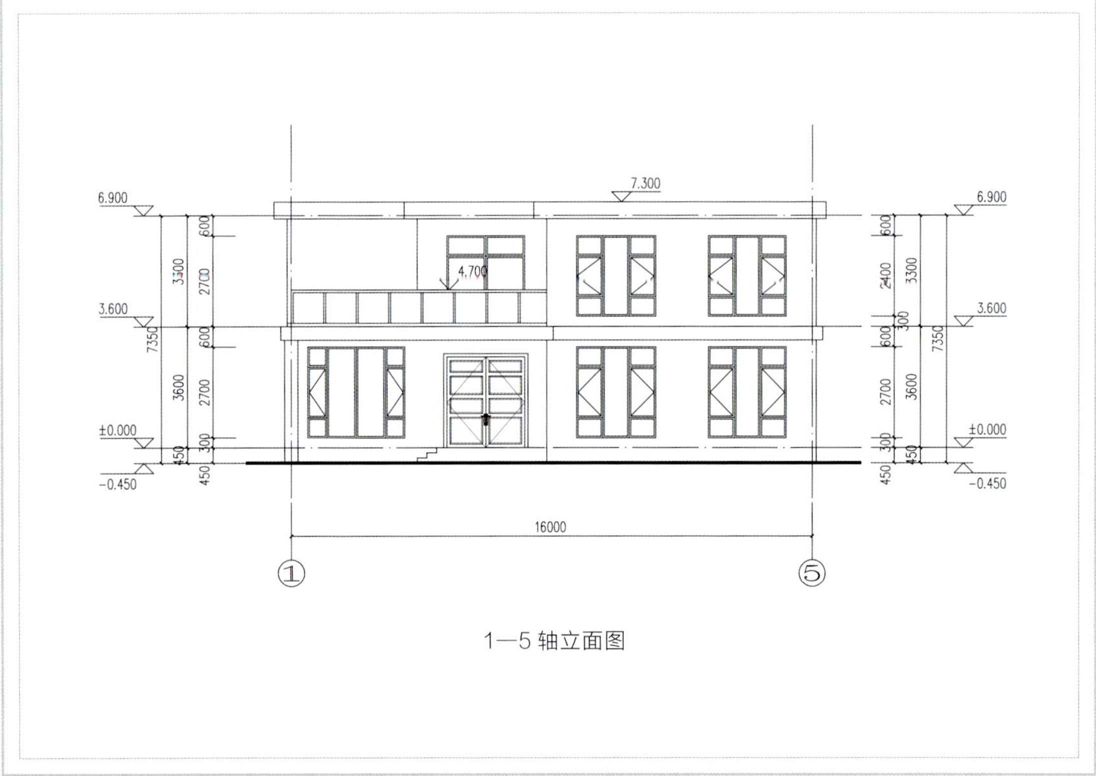

1—5 轴立面图

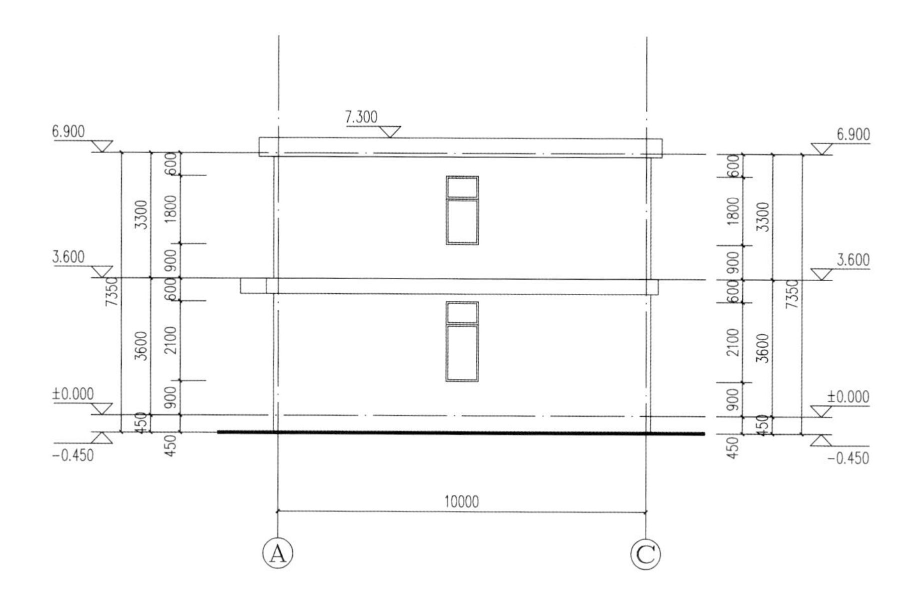

A—C 轴立面图

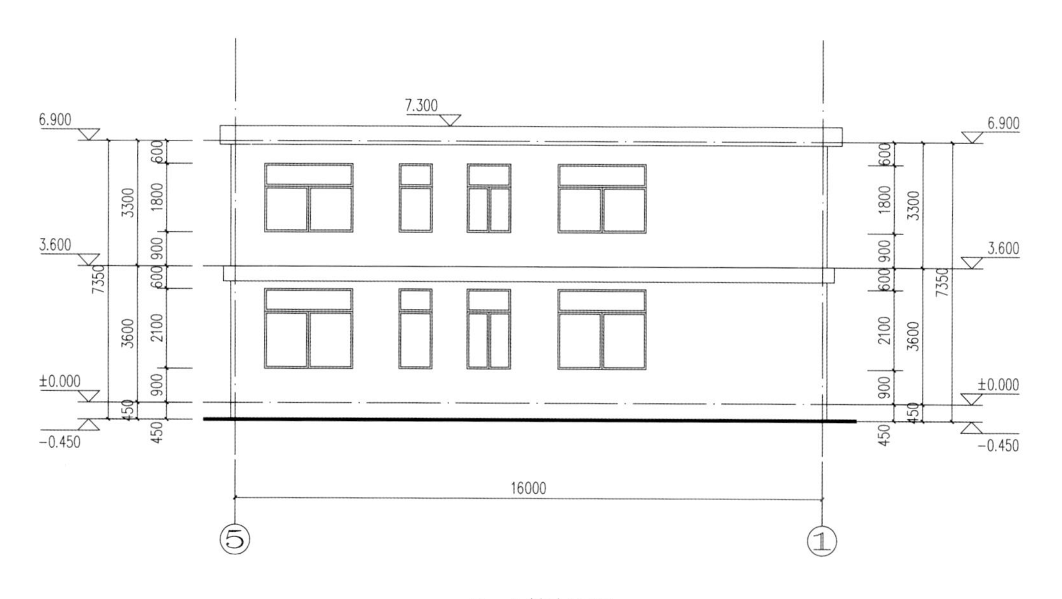

5—1 轴立面图

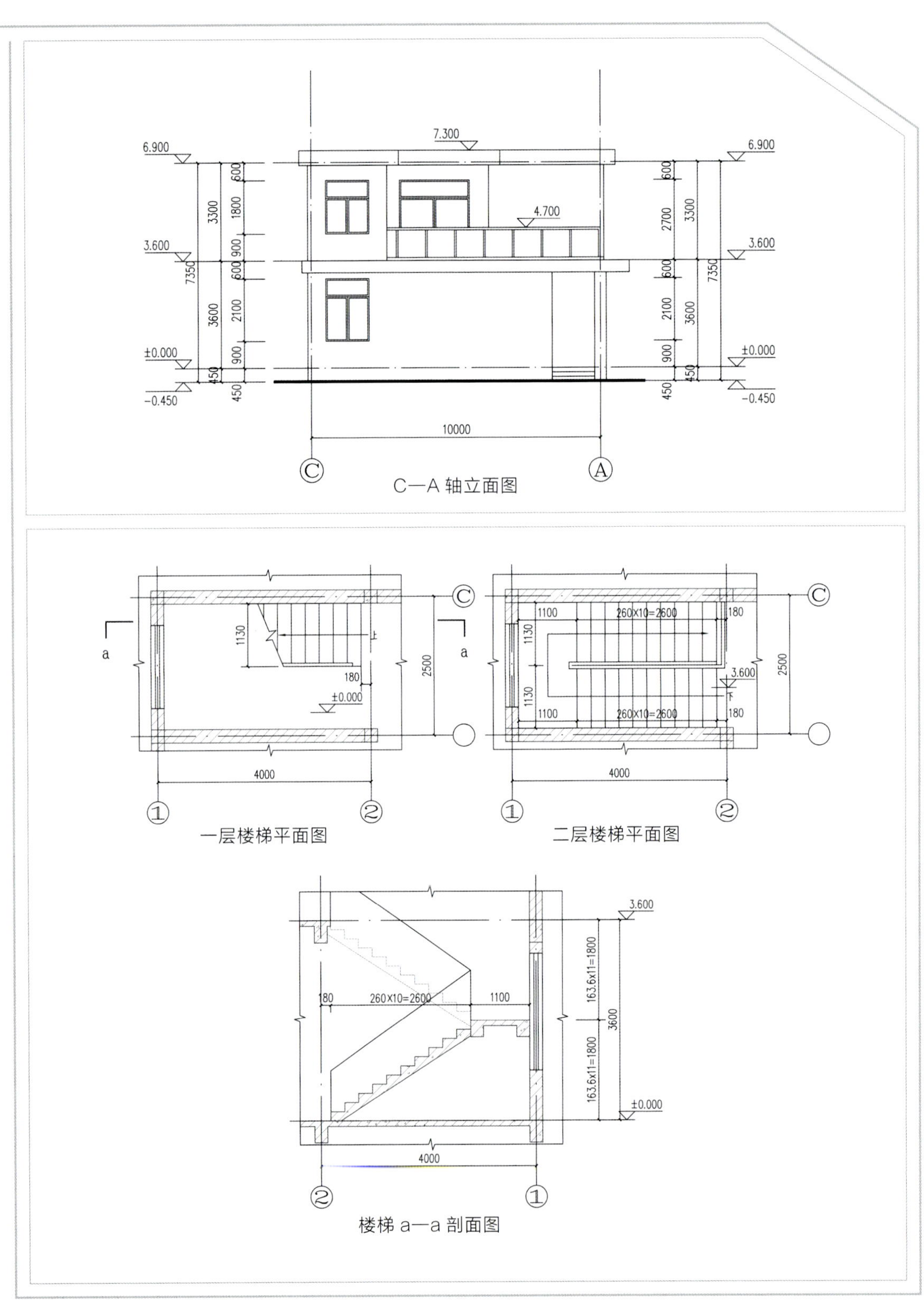
7.300
6.900
4.700
3.600
±0.000
-0.450
3300
3600
7350
600
1800
900
2100
450
2700
10000
C
A
C—A 轴立面图
1130
180
2500
4000
1100
260X10=2600
①
②
一层楼梯平面图
二层楼梯平面图
163.6x11=1800
楼梯 a—a 剖面图

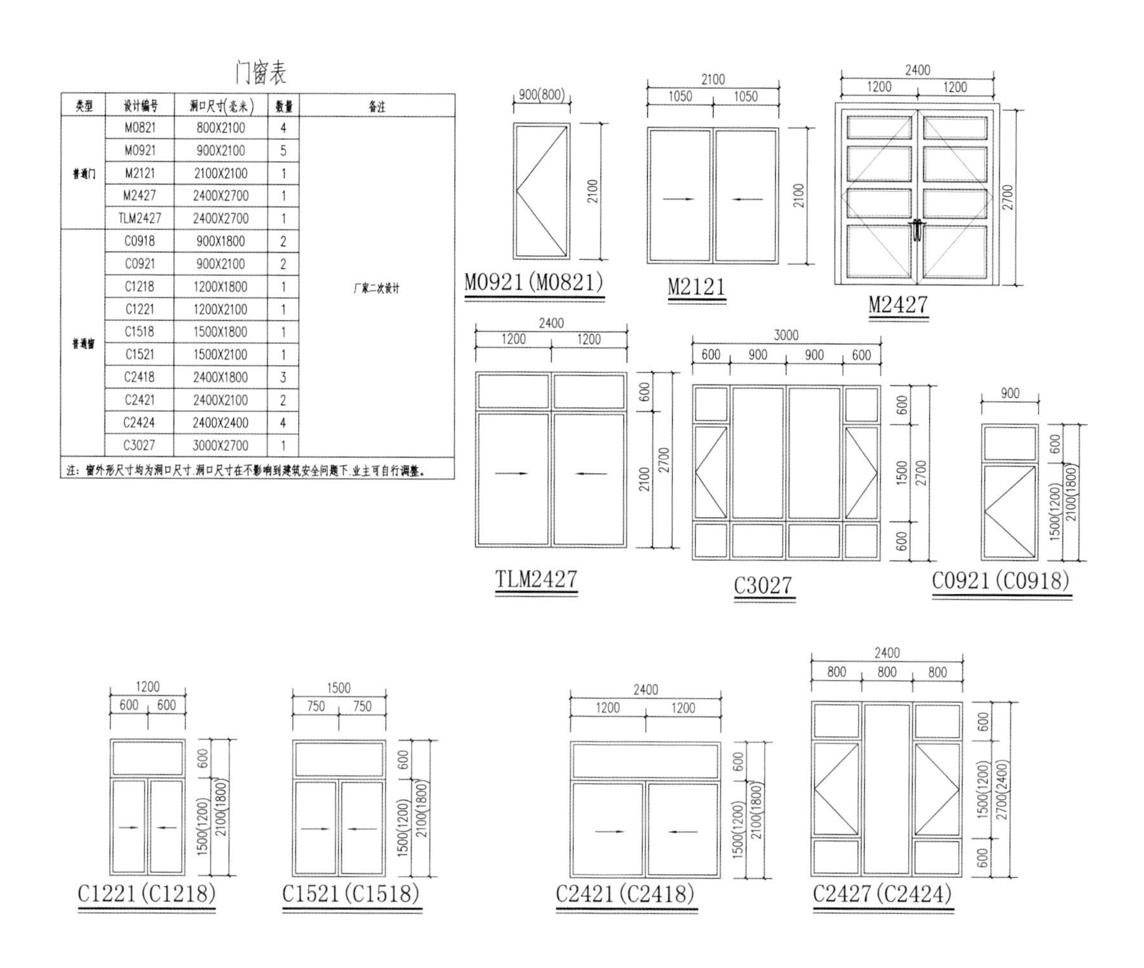

门窗表

类型	设计编号	洞口尺寸(毫米)	数量	备注
普通门	M0821	800X2100	4	厂家二次设计
	M0921	900X2100	5	
	M2121	2100X2100	1	
	M2427	2400X2700	1	
	TLM2427	2400X2700	1	
普通窗	C0918	900X1800	2	
	C0921	900X2100	2	
	C1218	1200X1800	1	
	C1221	1200X2100	1	
	C1518	1500X1800	1	
	C1521	1500X2100	1	
	C2418	2400X1800	3	
	C2421	2400X2100	2	
	C2424	2400X2400	4	
	C3027	3000X2700	1	
注：窗外形尺寸均为洞口尺寸.洞口尺寸在不影响到建筑安全问题下.业主可自行调整。				

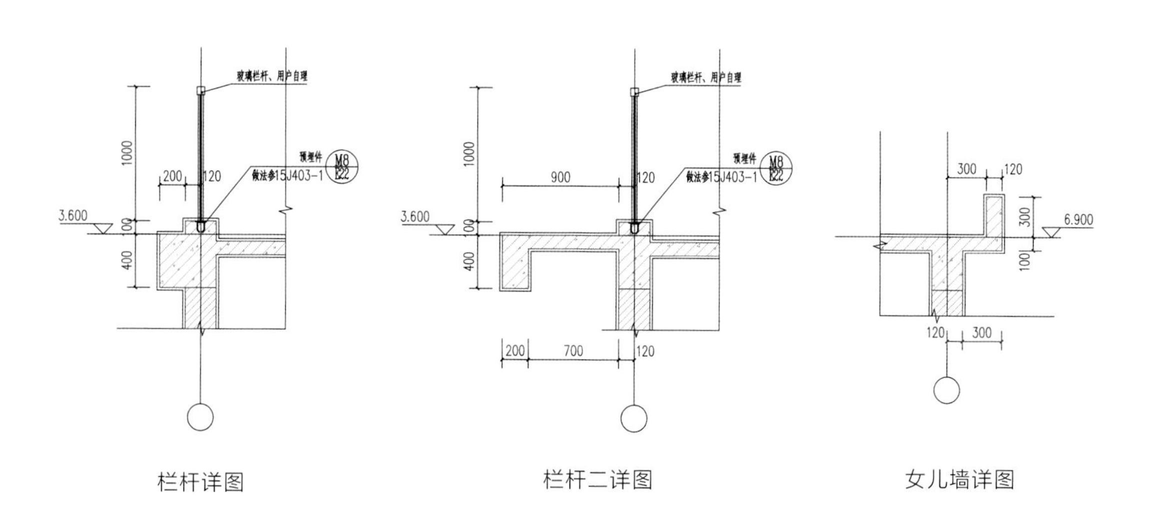

栏杆详图　　栏杆二详图　　女儿墙详图

效果图

效果图

M | 两层别墅 MS2107070

TWO-STOREY VILLA

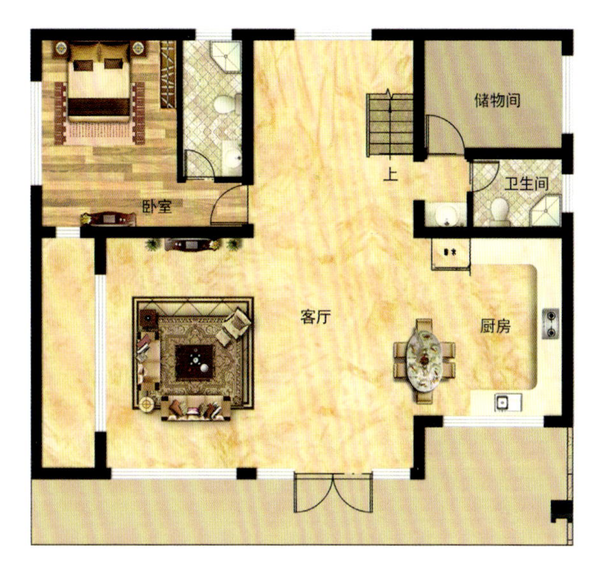

一层平面图

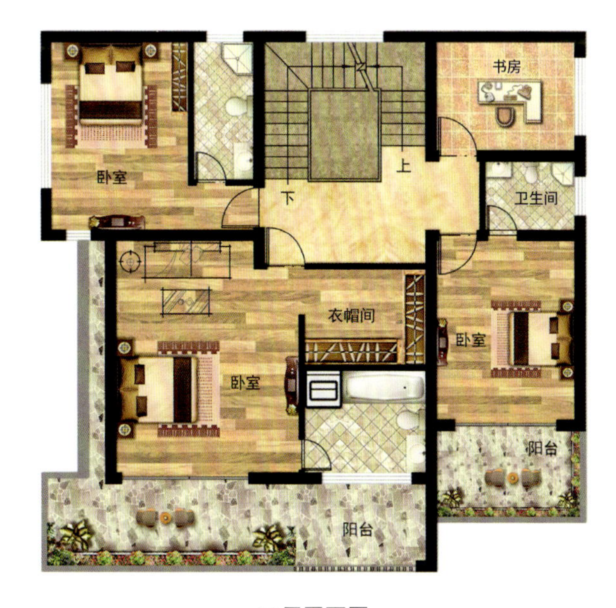

二层平面图

户型信息

【层　　数】两 层

【结构形式】砖混结构

【开　　间】12.74 米

【进　　深】12.12 米

【占地面积】146 平方米

【建筑面积】310.49 平方米

【预估造价】约 37 万元

效果图

效果图

M | 两层别墅 MS2107074

TWO-STOREY VILLA

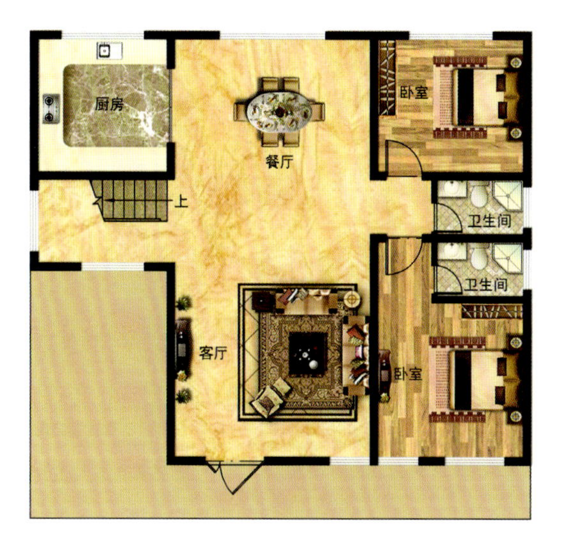

一层平面图

二层平面图

户型信息

【层　　数】两 层

【结构形式】砖混结构

【开　　间】12.48 米

【进　　深】11.69 米

【占地面积】147.01 平方米

【建筑面积】237.97 平方米

【预估造价】约 28 万元

效果图

效果图

两层别墅 MS2107076

TWO-STOREY VILLA

一层平面图

二层平面图

户型信息

【层　　数】两 层

【结构形式】砖混结构

【开　　间】14.96 米

【进　　深】9.44 米

【占地面积】147.01 平方米

【建筑面积】255.43 平方米

【预估造价】约 30 万元

效果图

效果图

两层别墅 MS2107079

TWO-STOREY VILLA

一层平面图

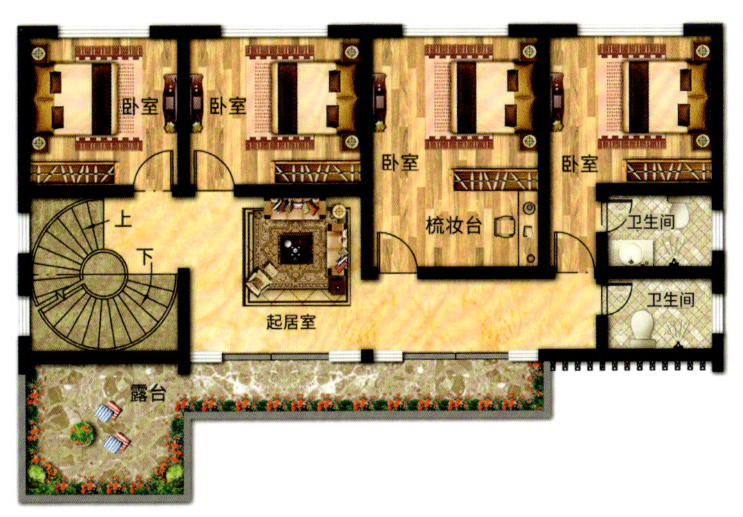

二层平面图

户型信息

【层　　数】两 层	【结构形式】砖混结构	【占地面积】133.92 平方米
	【开　　间】15.8 米	【建筑面积】273.97 平方米
	【进　　深】10.3 米	【预估造价】约 32 万元

效果图

效果图

两层别墅 MS2107082

TWO-STOREY VILLA

一层平面图

二层平面图

户型信息

【层　　数】两 层

【结构形式】砖混结构

【开　　间】17.37 米

【进　　深】13.98 米

【占地面积】239.61 平方米

【建筑面积】497.12 平方米

【预估造价】约 56 万元

效果图

效果图

两层别墅 MS2107088

TWO-STOREY VILLA

一层平面图

二层平面图

户型信息

【层　　数】两 层

【结构形式】砖混结构

【开　　间】15.64 米

【进　　深】14.24 米

【占地面积】187.54 平方米

【建筑面积】375.08 平方米

【预估造价】约 42 万元

效果图

效果图

M | 两层别墅 MS2107128

TWO-STOREY VILLA

一层平面图

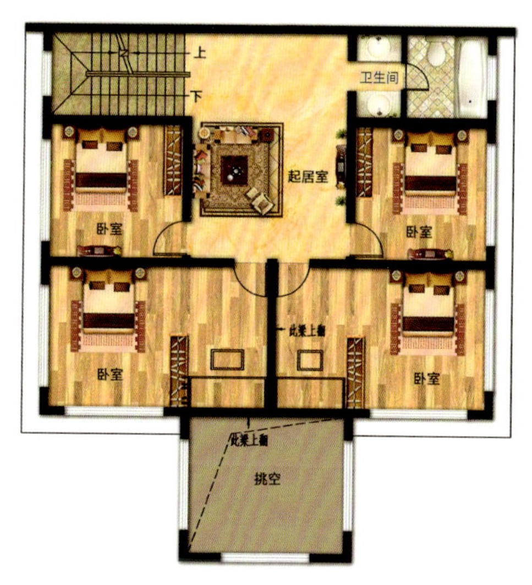

二层平面图

户型信息

【层　　数】两 层

【结构形式】砖混结构

【开　　间】12.24 米

【进　　深】14.04 米

【占地面积】127.1 平方米

【建筑面积】282.54 平方米

【预估造价】约 33 万元

效果图

效果图

两层别墅 MS2107129

TWO-STOREY VILLA

一层平面图

二层平面图

户型信息

【层　　数】两 层

【结构形式】砖混结构

【开　　间】12 米

【进　　深】12.62 米

【占地面积】157.65 平方米

【建筑面积】336.5 平方米

【预估造价】约 39 万元

效果图

效果图

两层别墅 MS2107156

TWO-STOREY VILLA

一层平面图

二层平面图

户型信息

【层　　数】两 层

【结构形式】砖混结构

【开　　间】10.24 米

【进　　深】12.12 米

【占地面积】101.34 平方米

【建筑面积】225.83 平方米

【预估造价】约 27 万元

效果图

效果图

M | 两层别墅 MS2107160

TWO-STOREY VILLA

一层平面图

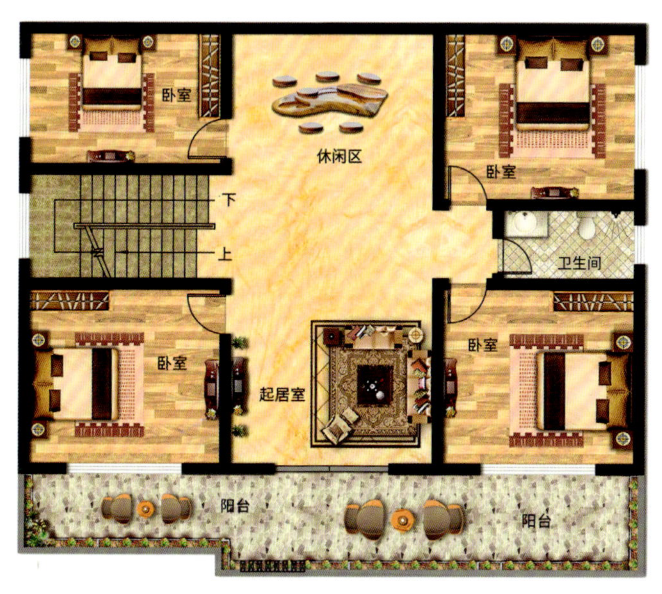

二层平面图

户型信息

【层　　数】两　层

【结构形式】砖混结构

【开　　间】14.64 米

【进　　深】11.92 米

【占地面积】178.9 平方米

【建筑面积】375.73 平方米

【预估造价】约 43 万元

效果图

效果图

两层别墅 MS2107165

TWO-STOREY VILLA

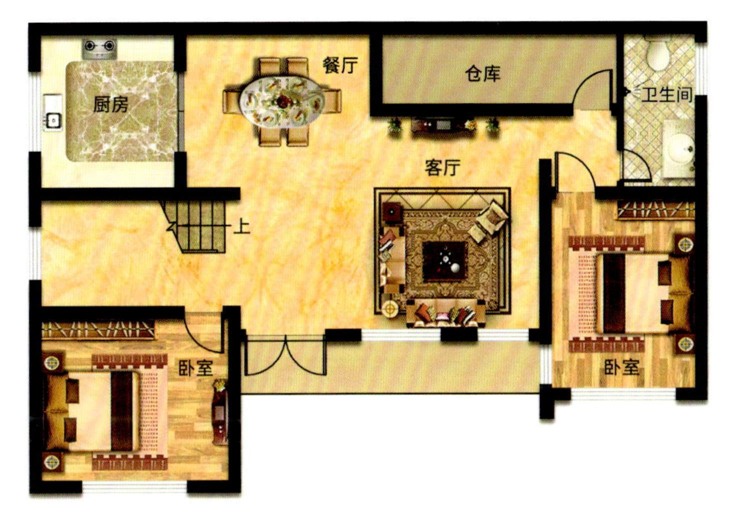

一层平面图

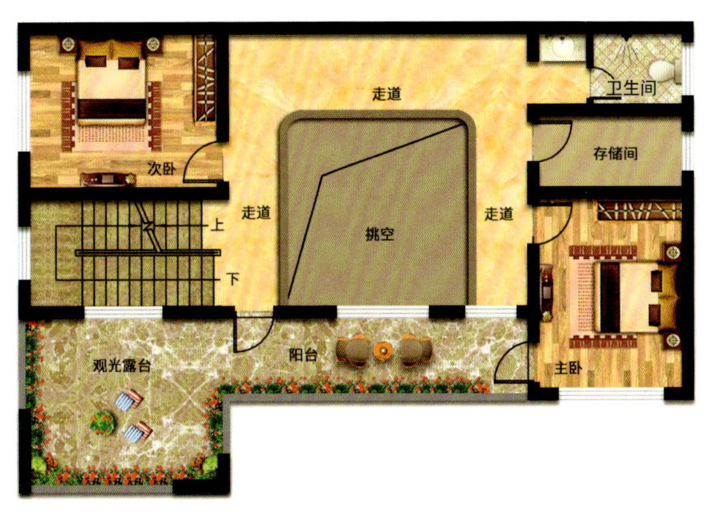

二层平面图

户型信息

【层　　数】两 层

【结构形式】砖混结构

【开　　间】15.24 米

【进　　深】10.24 米

【占地面积】135.06 平方米

【建筑面积】271.41 平方米

【预估造价】约 32 万元

效果图

效果图

两层别墅 MS2107176

TWO-STOREY VILLA

一层平面图

二层平面图

户型信息

【层　　数】两 层

【结构形式】砖混结构

【开　　间】17.24 米

【进　　深】11.42 米

【占地面积】162.43 平方米

【建筑面积】304.49 平方米

【预估造价】约 36 万元

效果图

效果图

M | 两层别墅 MS2107181

TWO-STOREY VILLA

一层平面图

二层平面图

户型信息

【结构形式】砖混结构

【占地面积】174.6 平方米

【开　　间】18.64 米

【建筑面积】332.7 平方米

【层　　数】两 层

【进　　深】11.04 米

【预估造价】约 39 万元

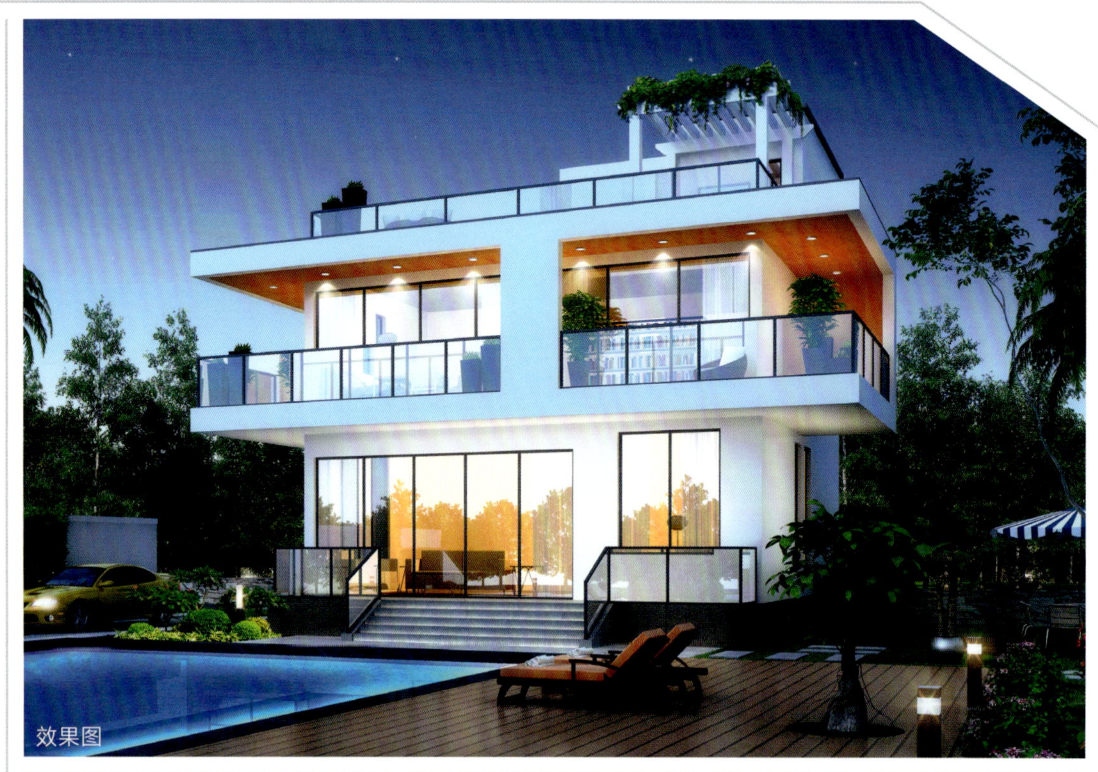

效果图

效果图

M 两层别墅 MS2107187

TWO-STOREY VILLA

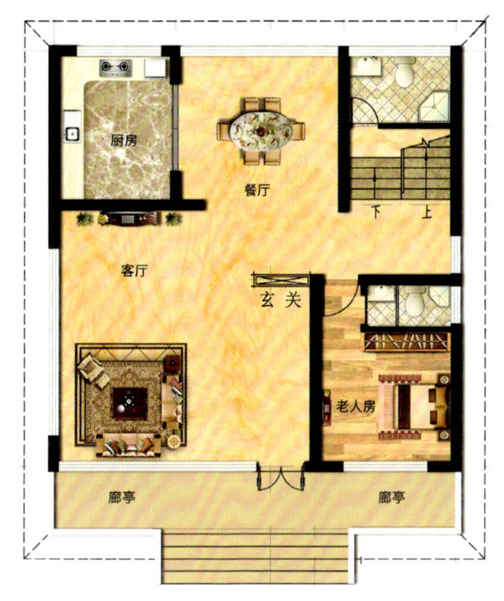

一层平面图

二层平面图

户型信息

【层　　数】两 层

【结构形式】砖混结构

【开　　间】14.0 米

【进　　深】11.62 米

【占地面积】112.54 平方米

【建筑面积】275.17 平方米

【预估造价】约 33 万元

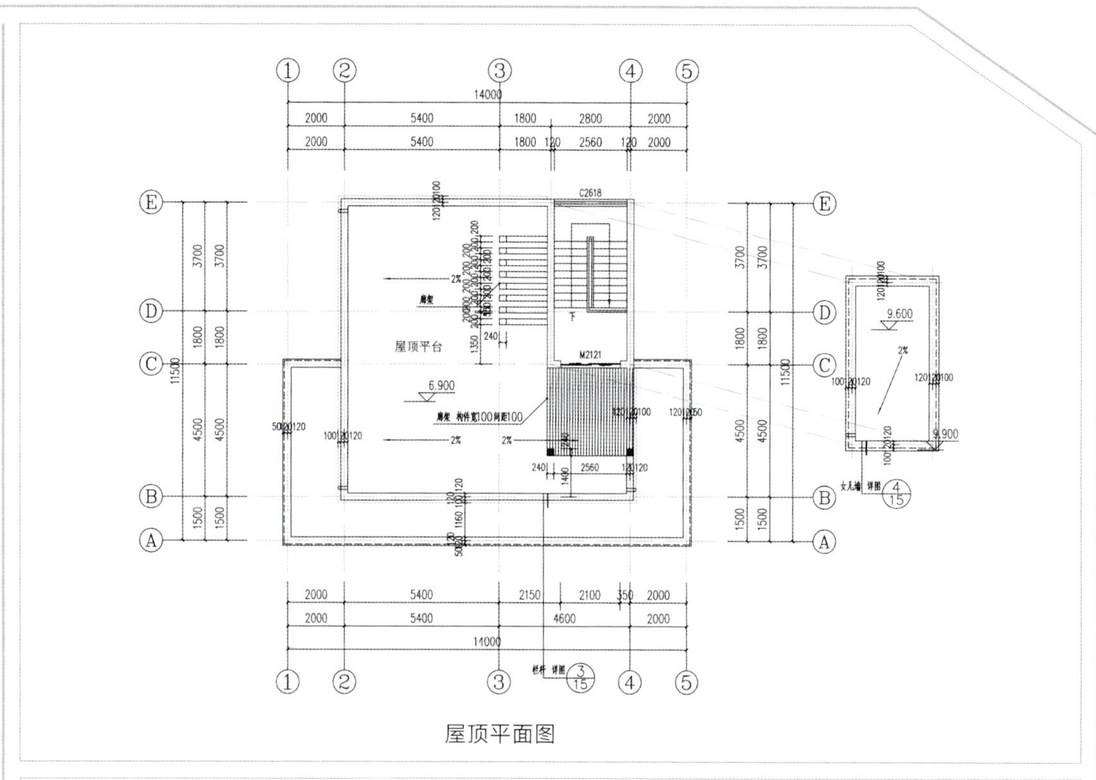

屋顶平面图

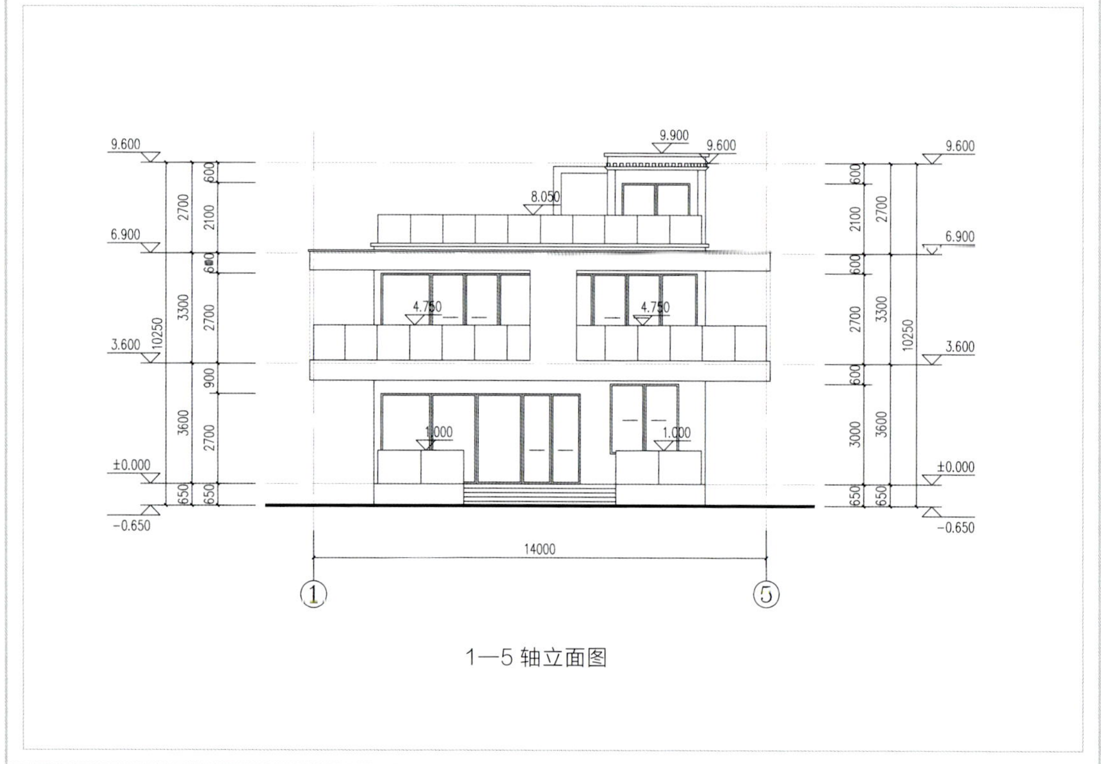

1—5 轴立面图

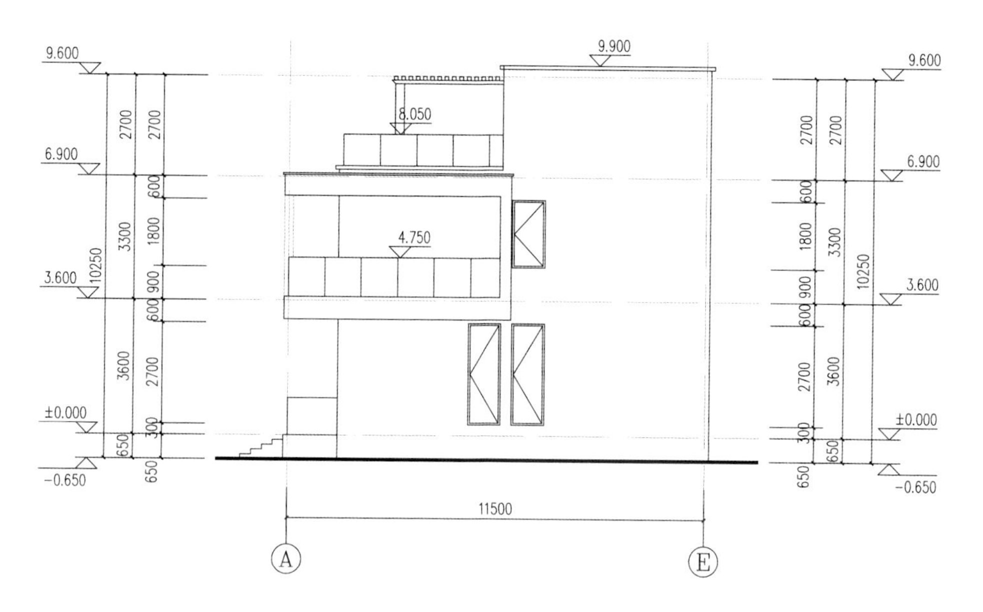

A—E 轴立面图

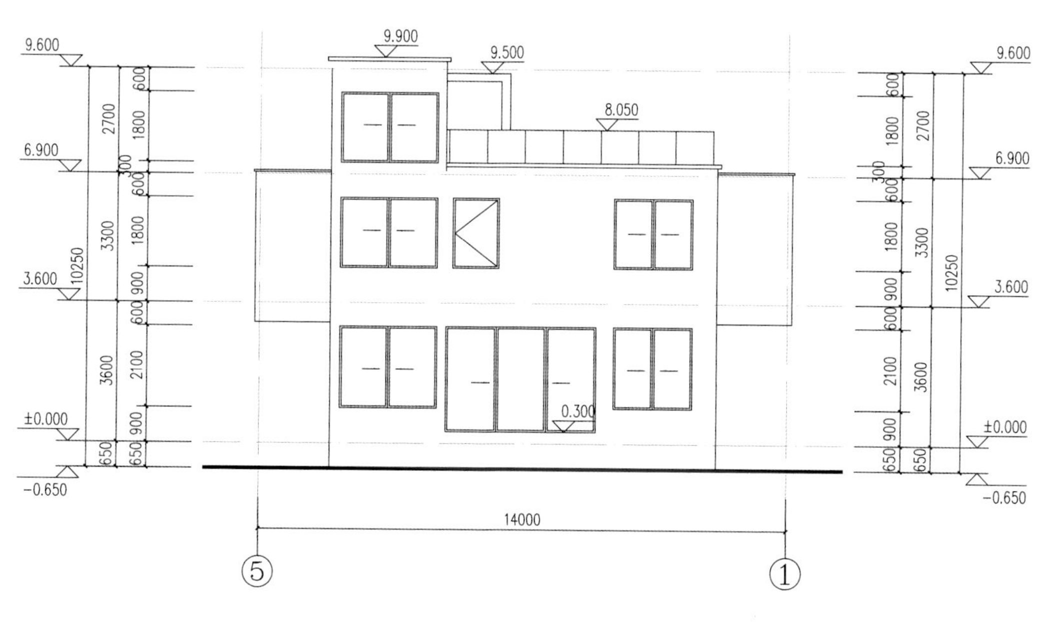

5—1 轴立面图

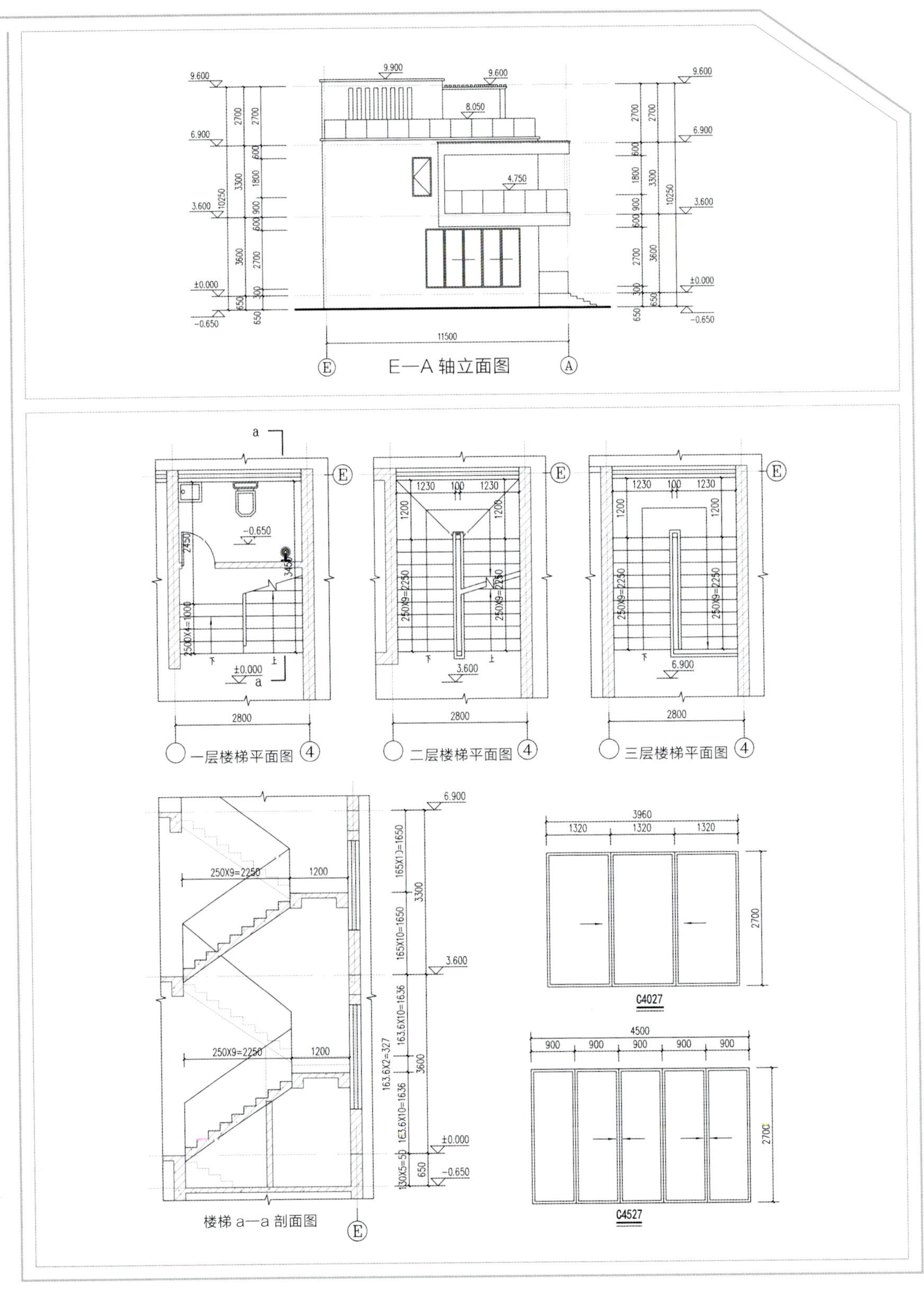

9.900
9.600
8.050
6.900
4.750
3.600
±0.000
-0.650
11500
E—A 轴立面图
一层楼梯平面图
二层楼梯平面图
三层楼梯平面图
2800
楼梯 a—a 剖面图
3960
1320
C4027
4500
900
C4527
2700

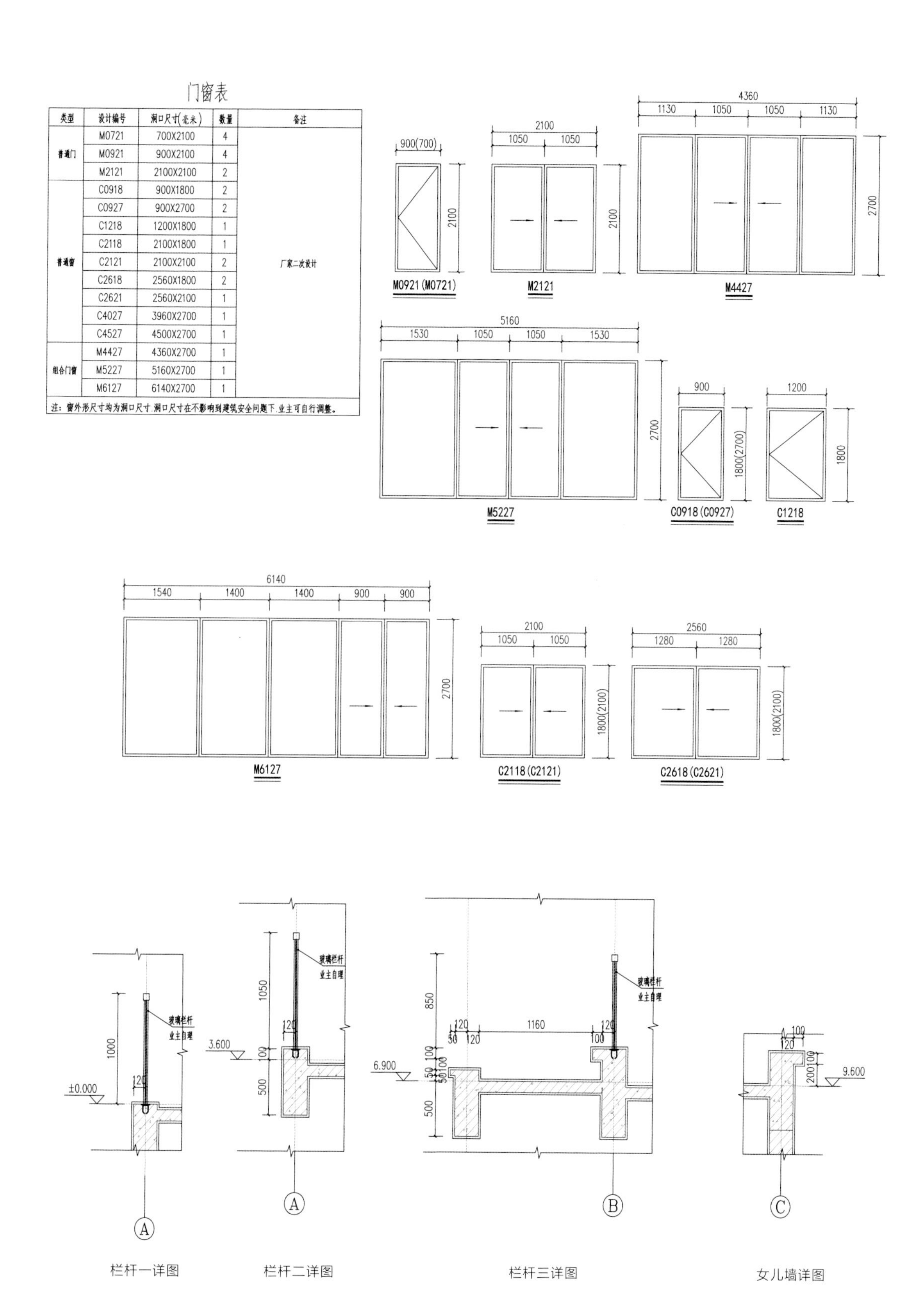

门窗表

类型	设计编号	洞口尺寸(毫米)	数量	备注
普通门	M0721	700X2100	4	厂家二次设计
	M0921	900X2100	4	
	M2121	2100X2100	2	
普通窗	C0918	900X1800	2	
	C0927	900X2700	2	
	C1218	1200X1800	1	
	C2118	2100X1800	1	
	C2121	2100X2100	2	
	C2618	2560X1800	2	
	C2621	2560X2100	1	
	C4027	3960X2700	1	
	C4527	4500X2700	1	
组合门窗	M4427	4360X2700	1	
	M5227	5160X2700	1	
	M6127	6140X2700	1	

注：窗外形尺寸均为洞口尺寸.洞口尺寸在不影响到建筑安全问题下.业主可自行调整。

栏杆一详图　栏杆二详图　栏杆三详图　女儿墙详图

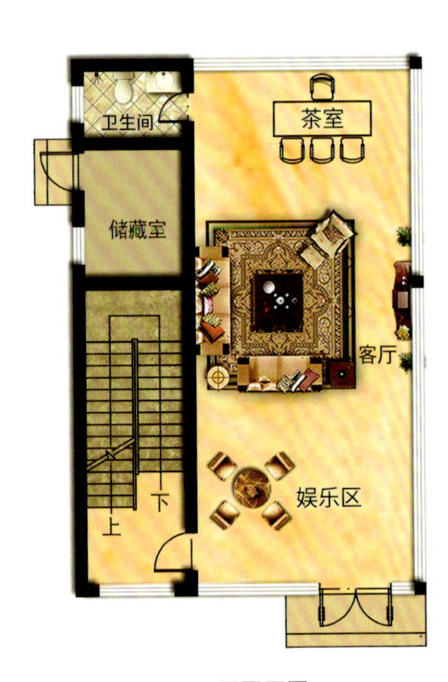

一层平面图

两层别墅 MS2007020

TWO-STOREY VILLA

二层平面图

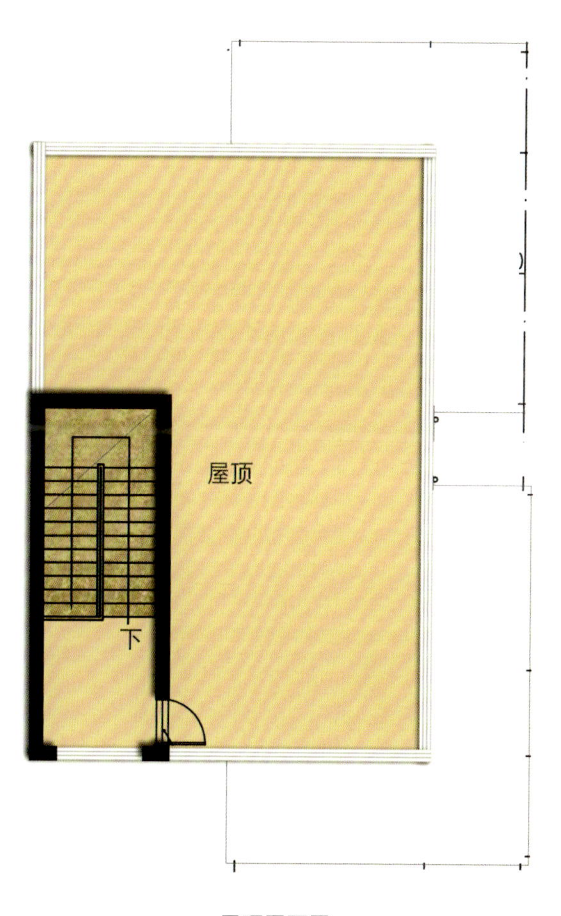

屋顶平面图

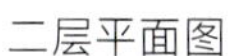

户型信息

【层　　数】两 层

【结构形式】框架结构

【开　　间】10 米

【进　　深】16 米

【占地面积】151.3 平方米

【建筑面积】347.52 平方米

【预估造价】约 48 万元

Three-storey Villa

三层别墅

基于建筑面积的变化，设计三层别墅时往往会考虑未来的空间利用，在现有房屋功能被完整利用之后，设计上多想一笔，成为设计方向的主导。一层、二层为常用生活空间，而三层设计将丰富的休闲空间，阳台、书房、健身房、影音房等聚合在这里，让生活和娱乐共存，并且做到互不打扰。在这样的层数布局中，呈现出空间扩大化的专有魅力。

效果图
效果图

M 三层别墅 MS2007011

THREE-STOREY VILLA

效果图

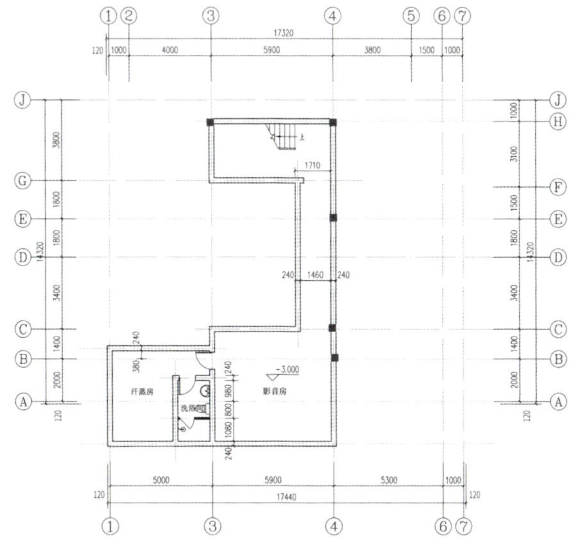

负一层平面图

户型信息

【层　　数】三 层

【结构形式】框架结构

【开　　间】17.44 米

【进　　深】14.44 米

【占地面积】222.73 平方米

【建筑面积】542.41 平方米

【预估造价】约 79 万元

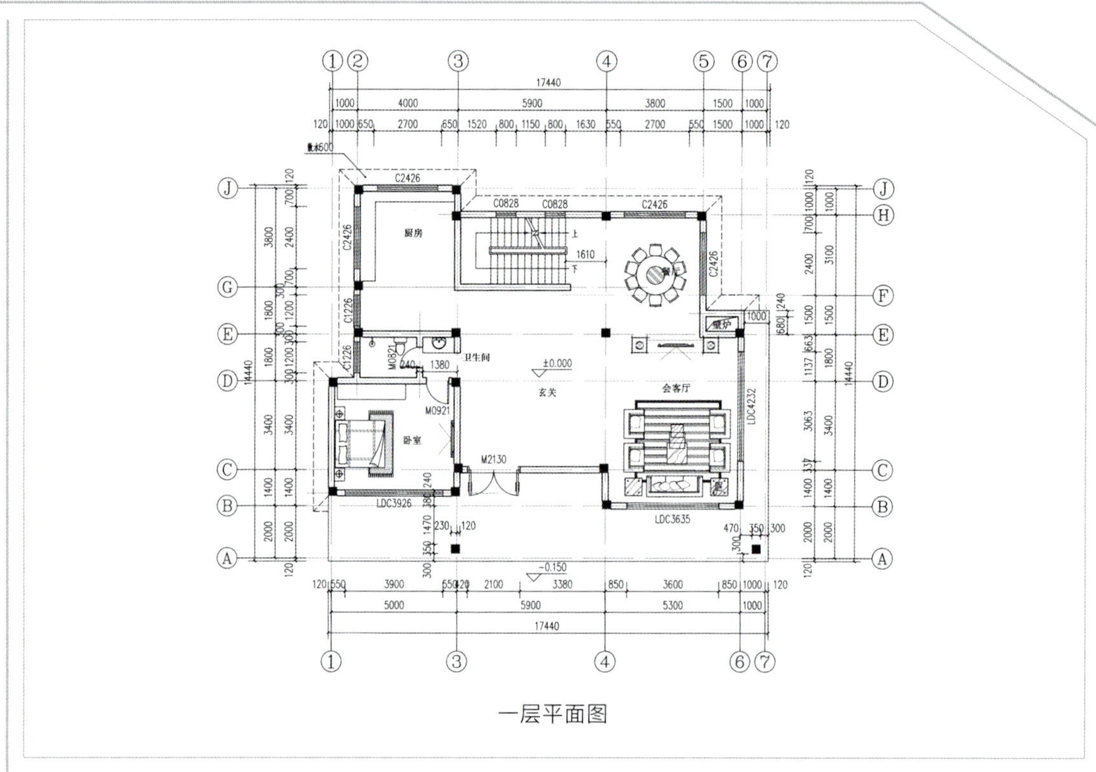

一层平面图

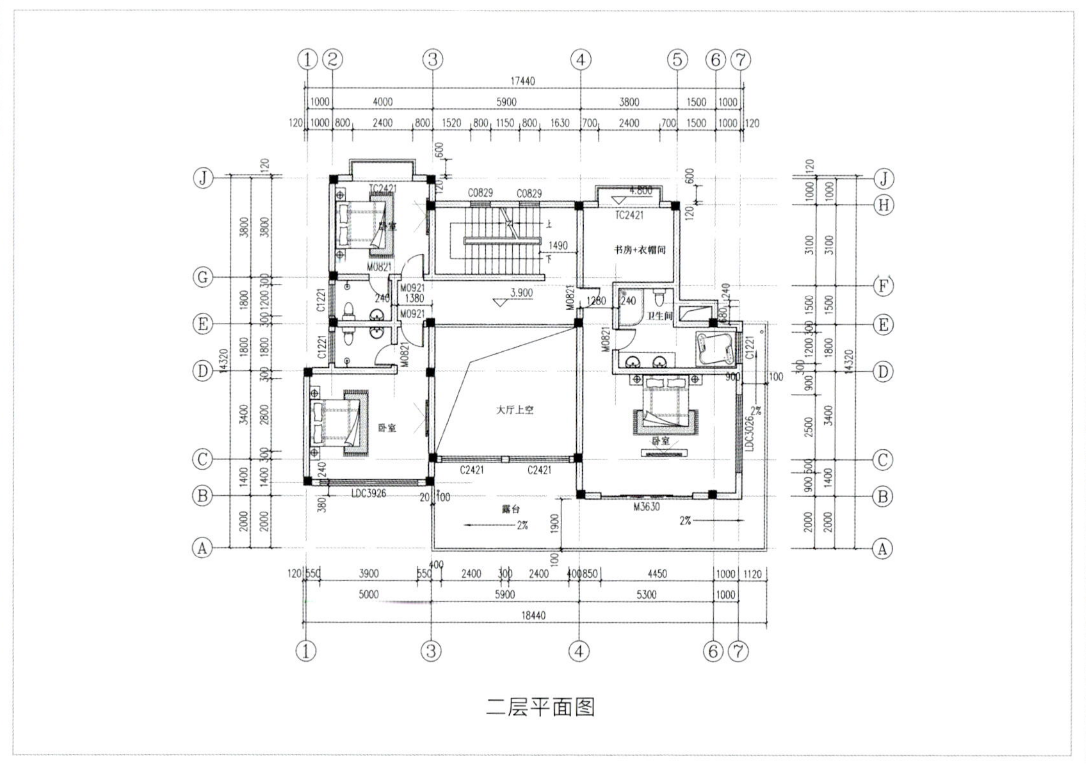

二层平面图

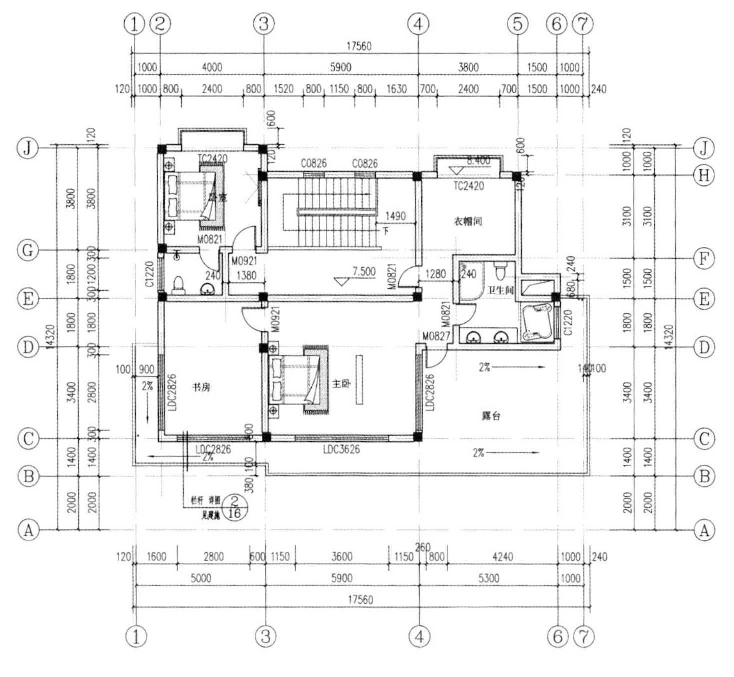
卧室
衣帽间
卫生间
书房
主卧
露台
TC2420
C0826
M0821
M0921
M0827
C1220
LDC2826
LDC3626
7.500
8.400
17560
14320

三层平面图

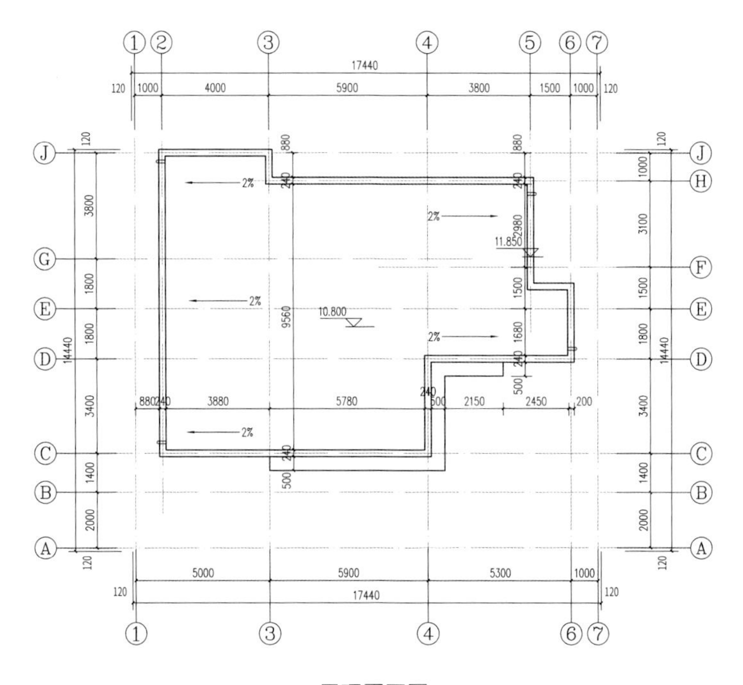
17440
14440
10.800
11.850
9560
2%

屋顶平面图

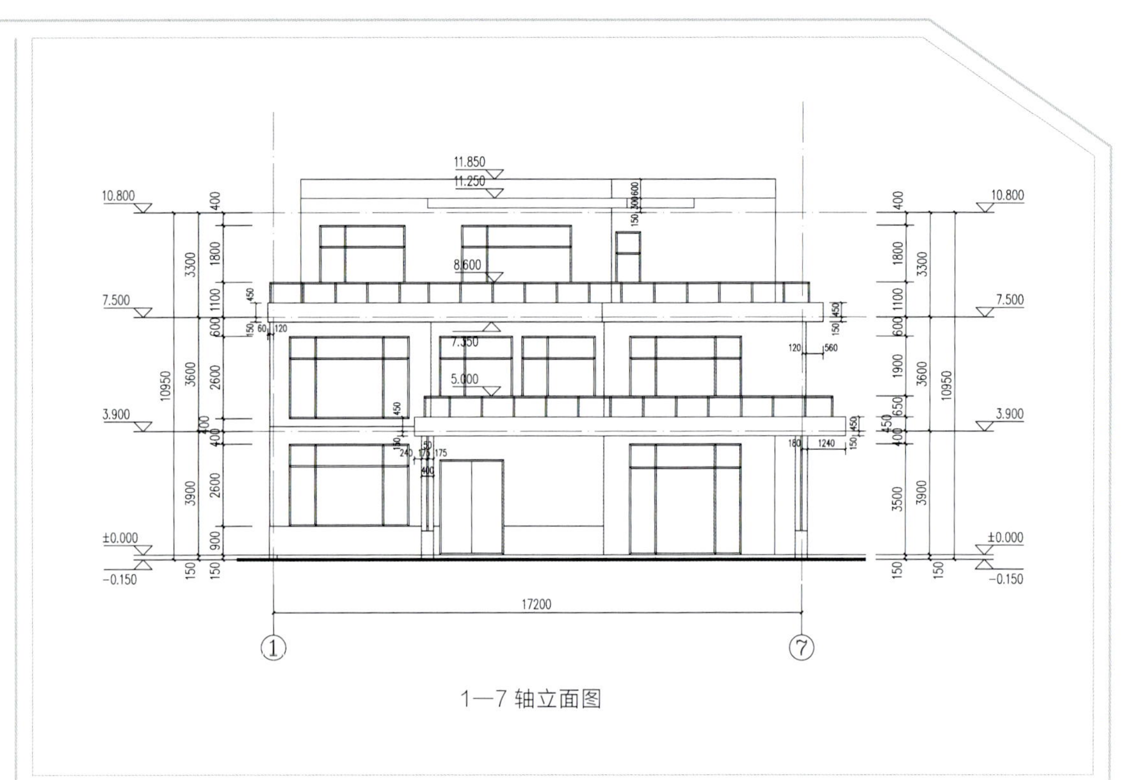

1—7 轴立面图

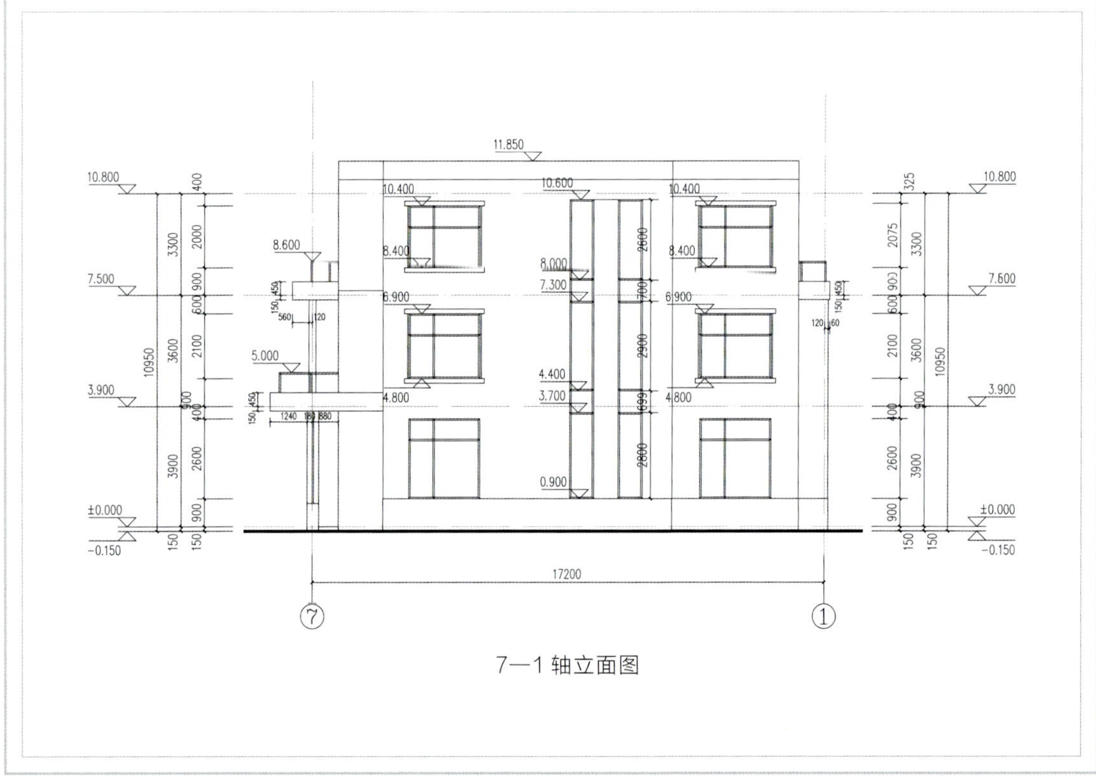

7—1 轴立面图

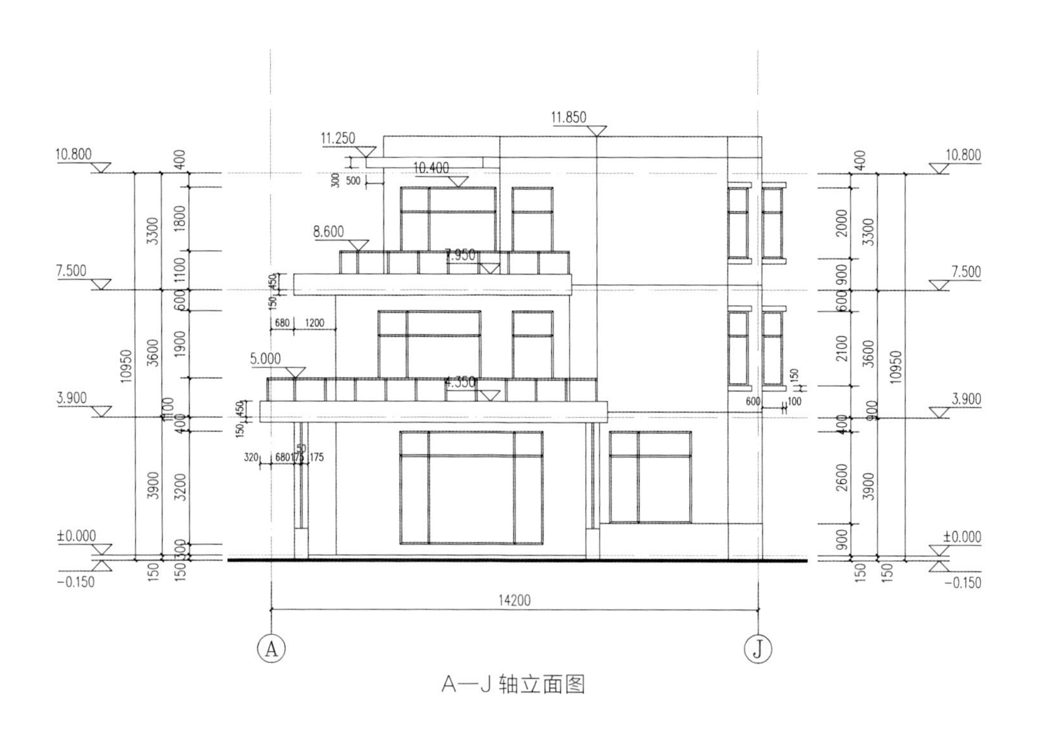

A—J 轴立面图

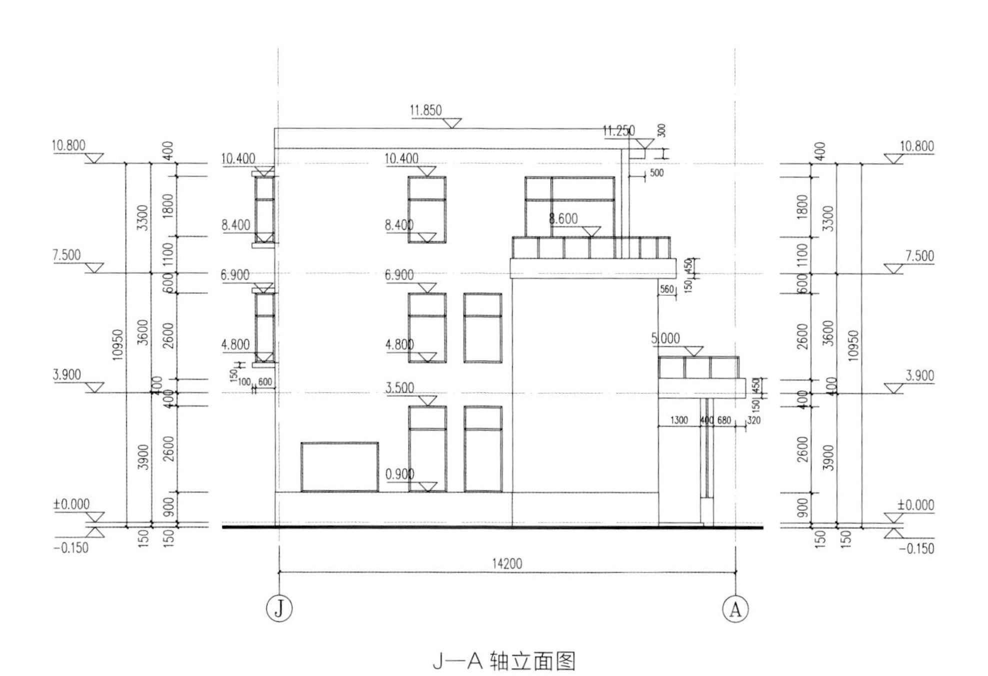

J—A 轴立面图

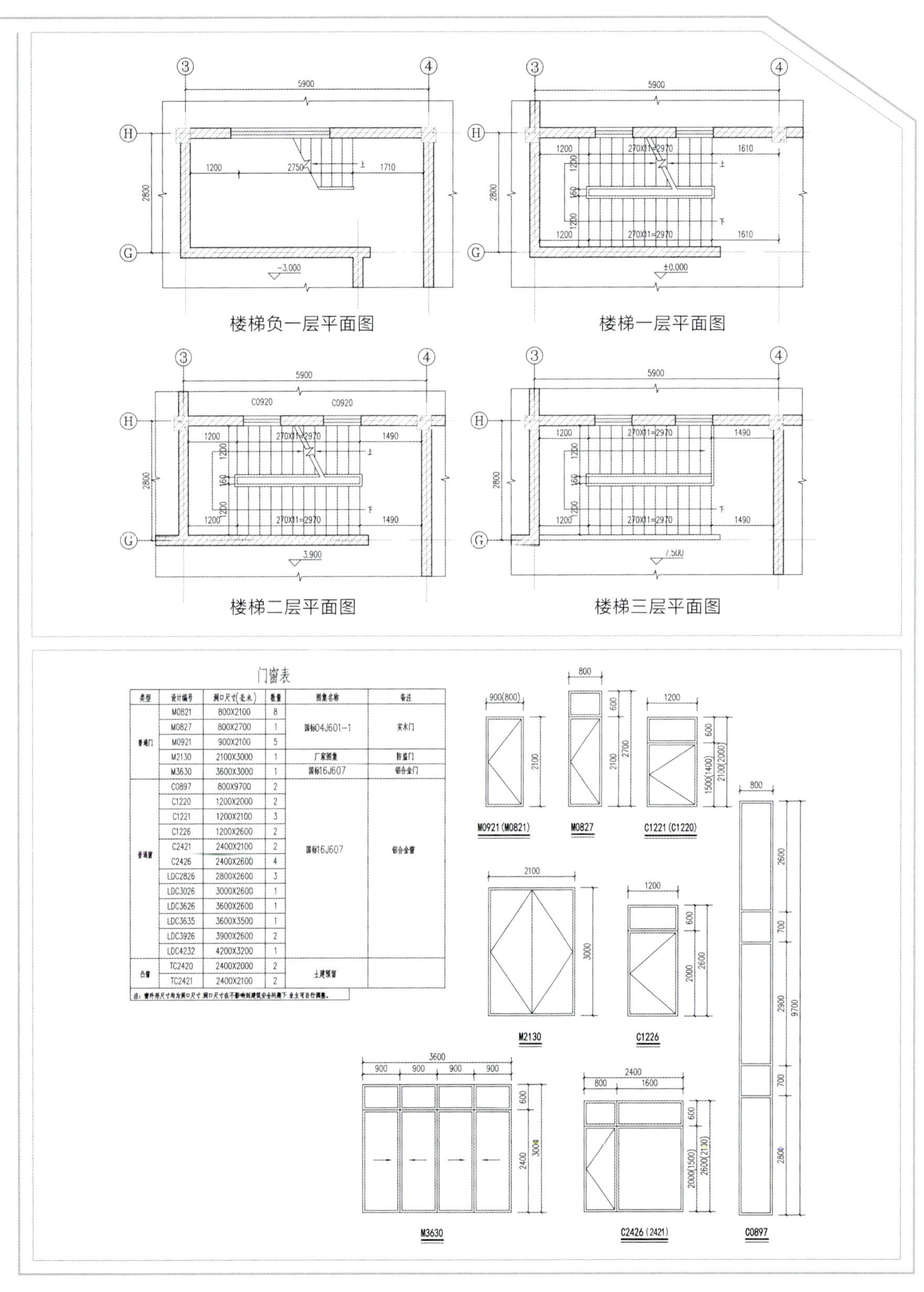

门窗表

类型	设计编号	洞口尺寸(毫米)	数量	图集名称	备注
普通门	M0821	800X2100	8	国标04J601-1	实木门
	M0827	800X2700	1		
	M0921	900X2100	5		
	M2130	2100X3000	1	厂家图集	防盗门
	M3630	3600X3000	1	国标16J607	铝合金门
普通窗	C0897	800X9700	2	国标16J607	铝合金窗
	C1220	1200X2000	2		
	C1221	1200X2100	3		
	C1226	1200X2600	2		
	C2421	2400X2100	2		
	C2426	2400X2600	4		
	LDC2826	2800X2600	3		
	LDC3026	3000X2600	1		
	LDC3626	3600X2600	1		
	LDC3635	3600X3500	1		
	LDC3926	3900X2600	2		
	LDC4232	4200X3200	1		
凸窗	TC2420	2400X2000	2	土建预留	
	TC2421	2400X2100	2		

注：窗外形尺寸均为洞口尺寸.洞口尺寸在不影响到建筑安全问题下.业主可自行调整。

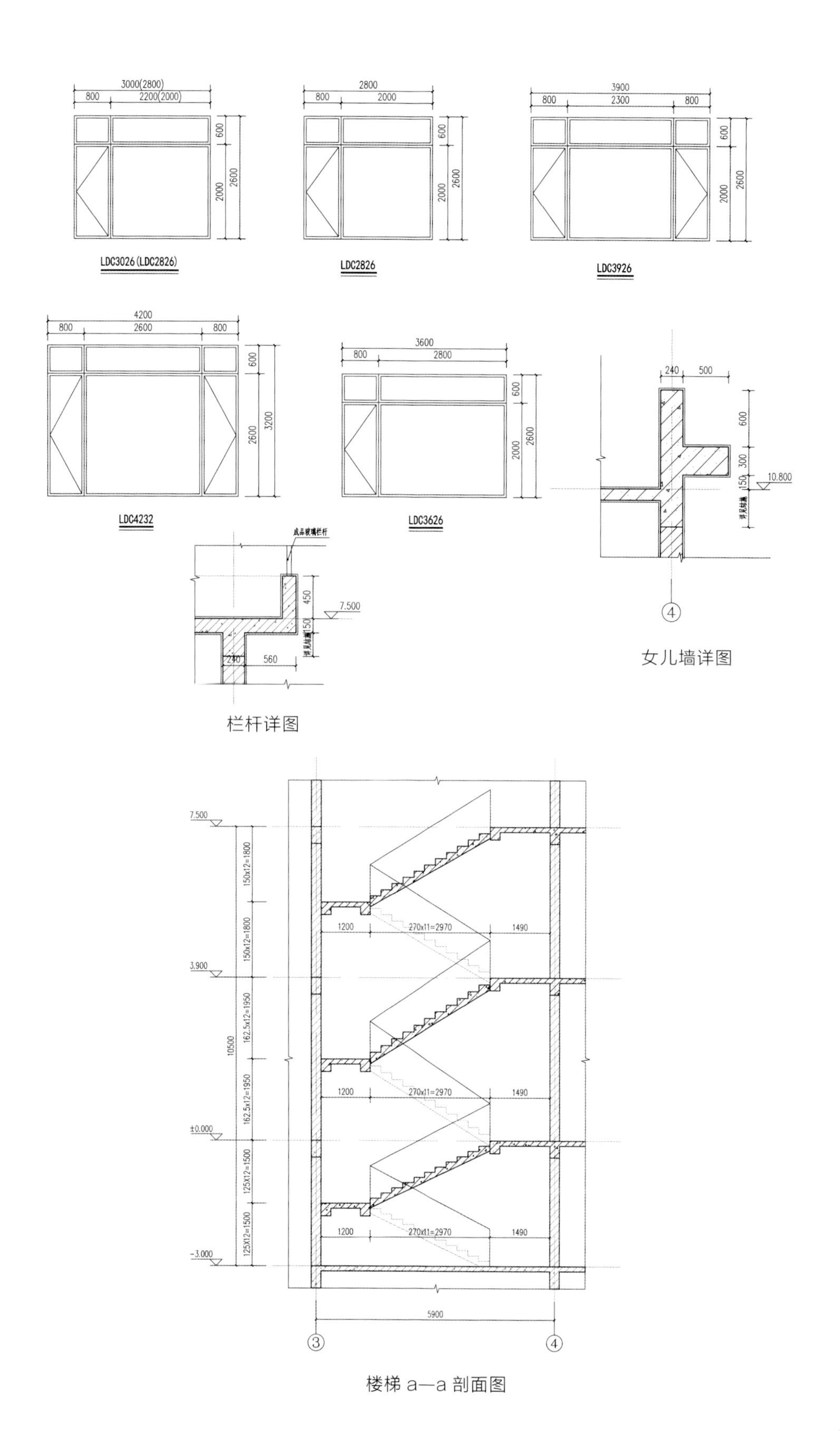

女儿墙详图

栏杆详图

楼梯 a—a 剖面图

效果图

一层平面图

三层别墅 MS2007017

THREE-STOREY VILLA

二层平面图

三层平面图

户型信息

【层　　数】三 层

【结构形式】框架结构

【开　　间】15.66 米

【进　　深】13.46 米

【占地面积】184.97 平方米

【建筑面积】479.28 平方米

【预估造价】约 69 万元

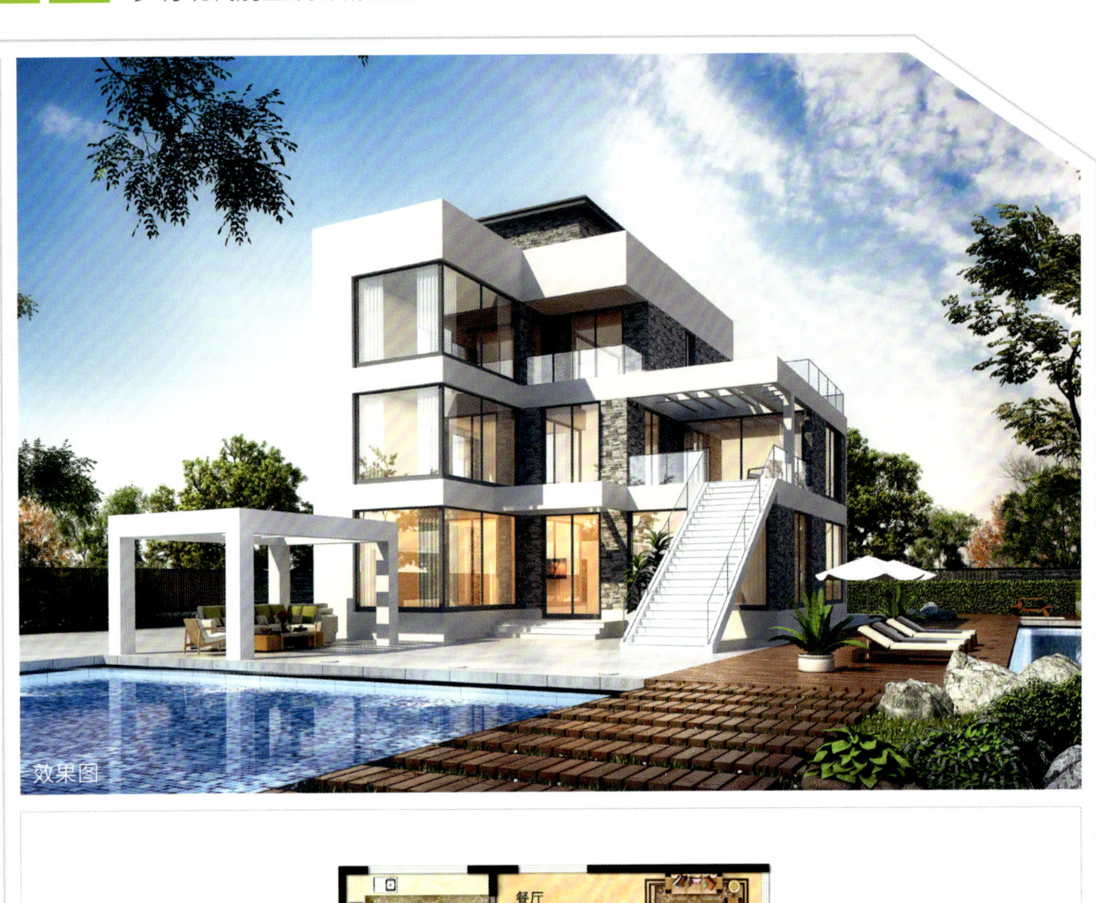

一层平面图

三层别墅 MS2007035

THREE-STOREY VILLA

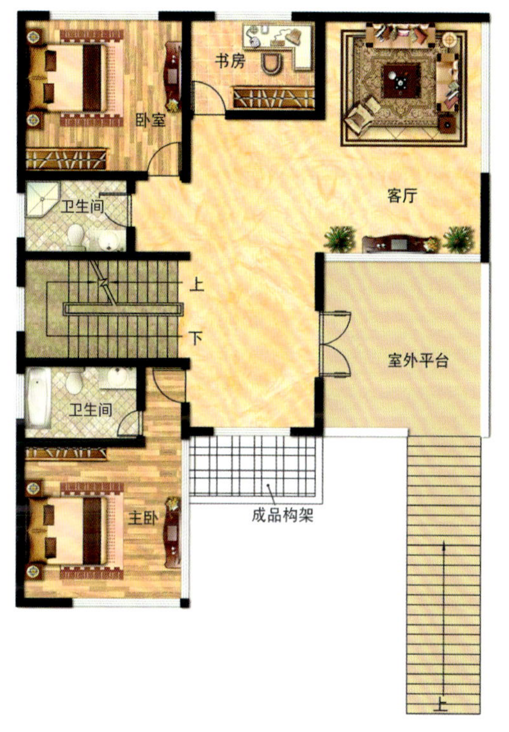

二层平面图

三层平面图

户型信息

【层　　数】三 层	【结构形式】钢结构	【占地面积】186.07 平方米
	【开　　间】12.8 米	【建筑面积】457.43 平方米
	【进　　深】15.6 米	【预估造价】约 77 万元

效果图

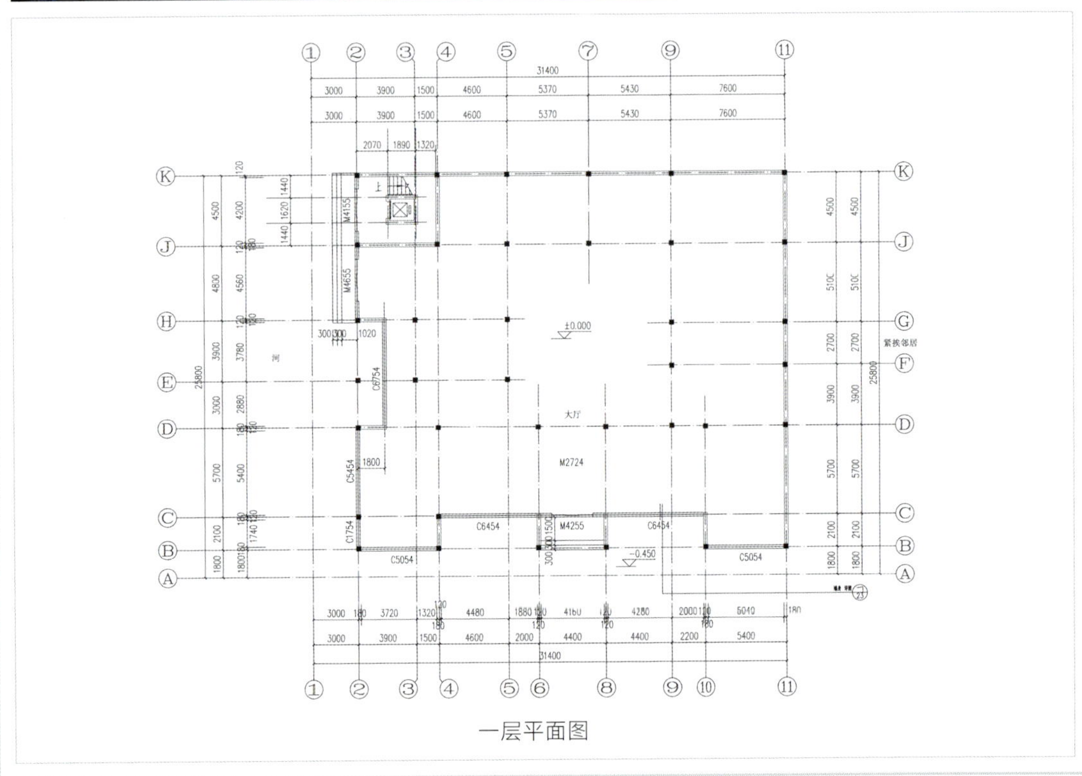
31400
3000
3900
1500
4600
5370
5430
7600
2070
1890
1320
±0.000
大厅
M2724
M4255
C6454
C5054
C1754
C5454
C6754
M4155
M4655
-0.450
紧挨邻居
25800

一层平面图

三层别墅 MS2007049

THREE-STOREY VILLA

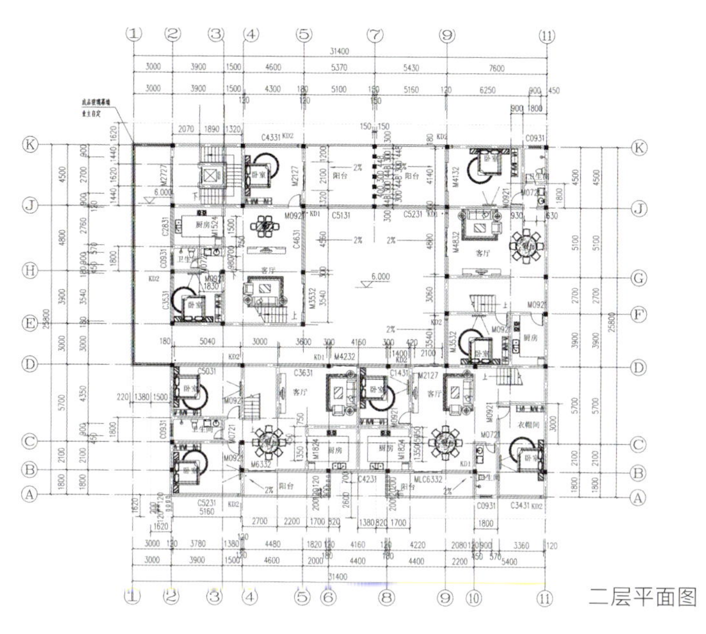

二层平面图

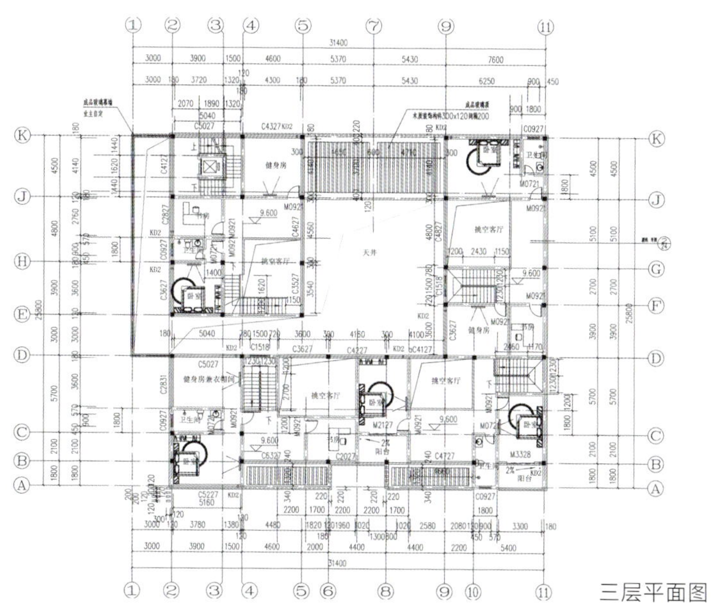

三层平面图

户型信息

【层　　数】三 层

【结构形式】框架结构

【开　　间】31.4 米

【进　　深】25.8 米

【占地面积】655.56 平方米

【建筑面积】1601.85 平方米

【预估造价】约 240 万元

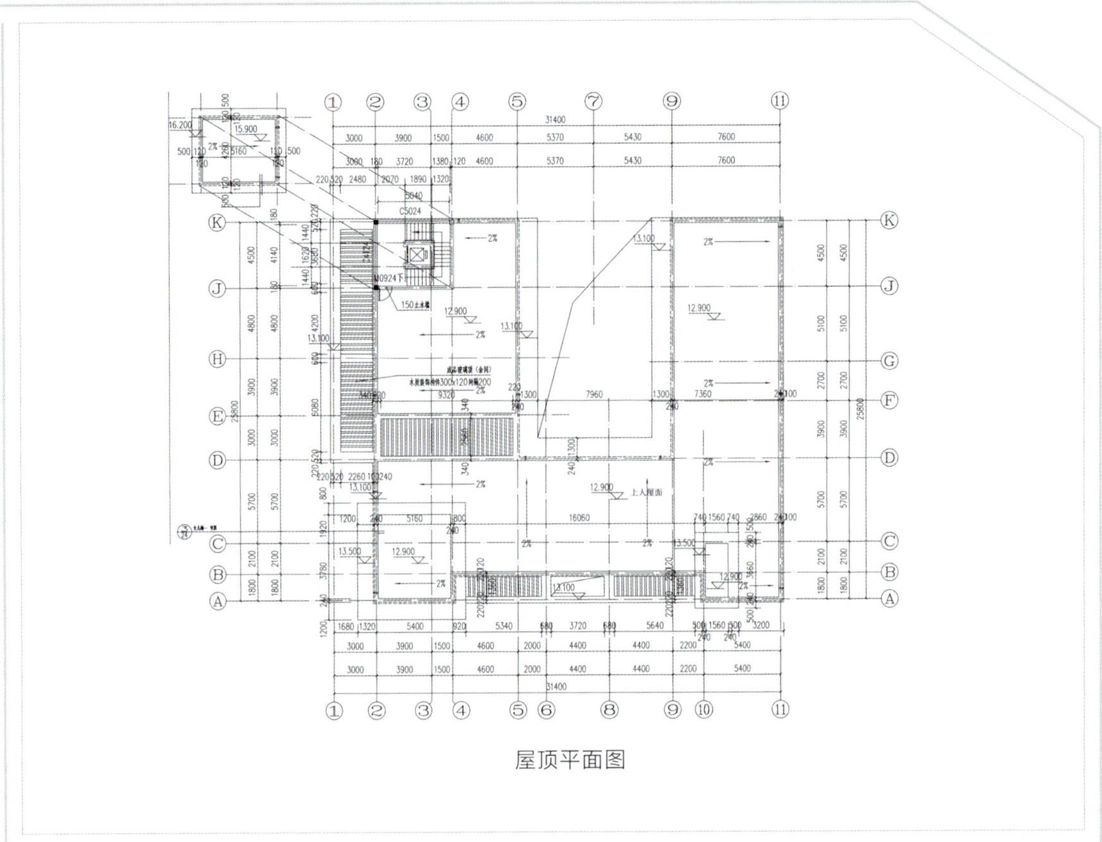

屋顶平面图

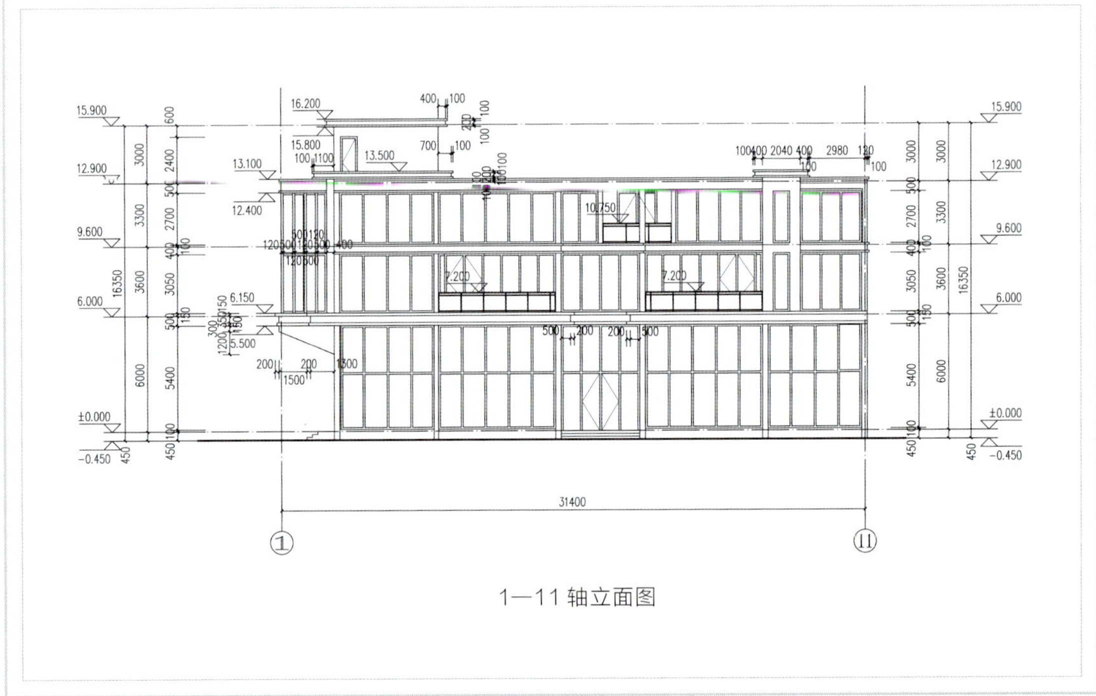

1—11 轴立面图

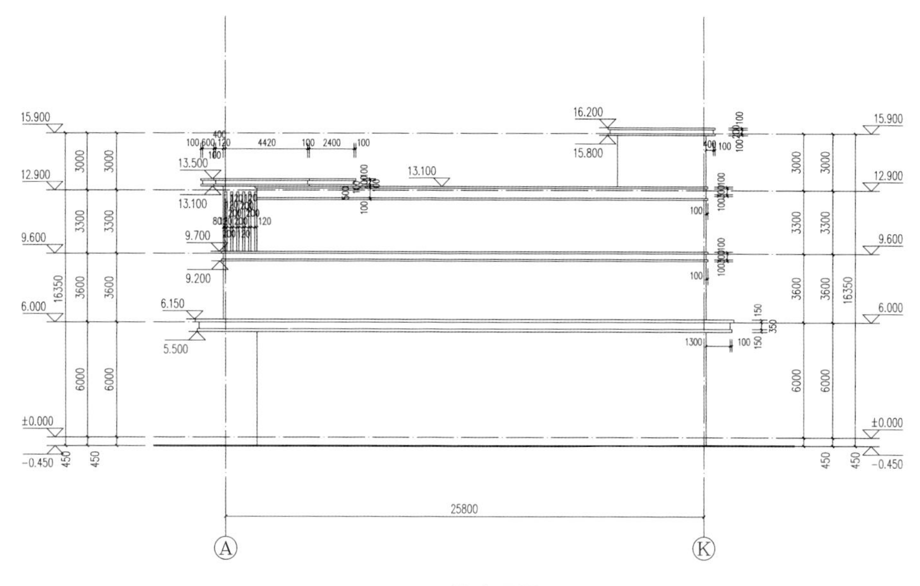

A—K 轴立面图

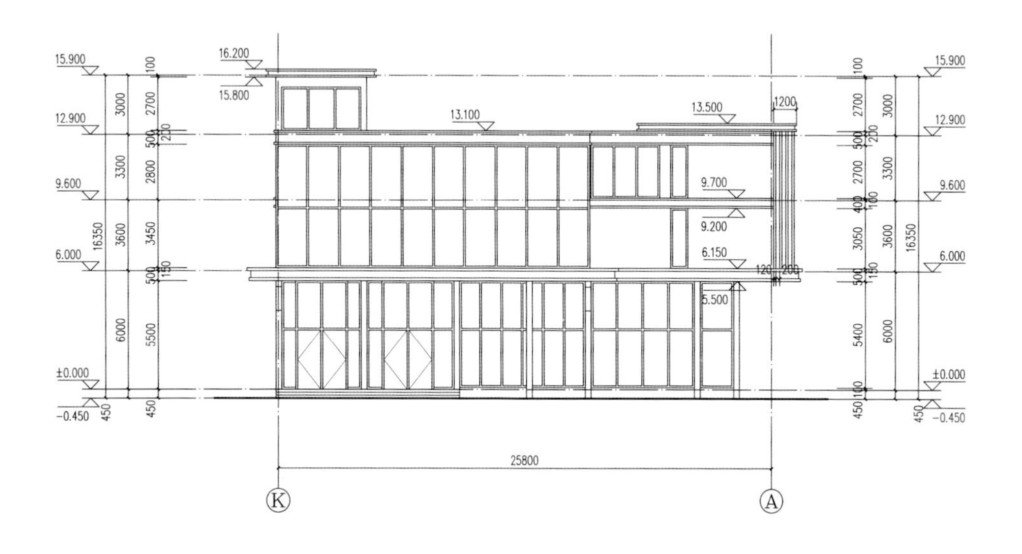

K—A 轴立面图

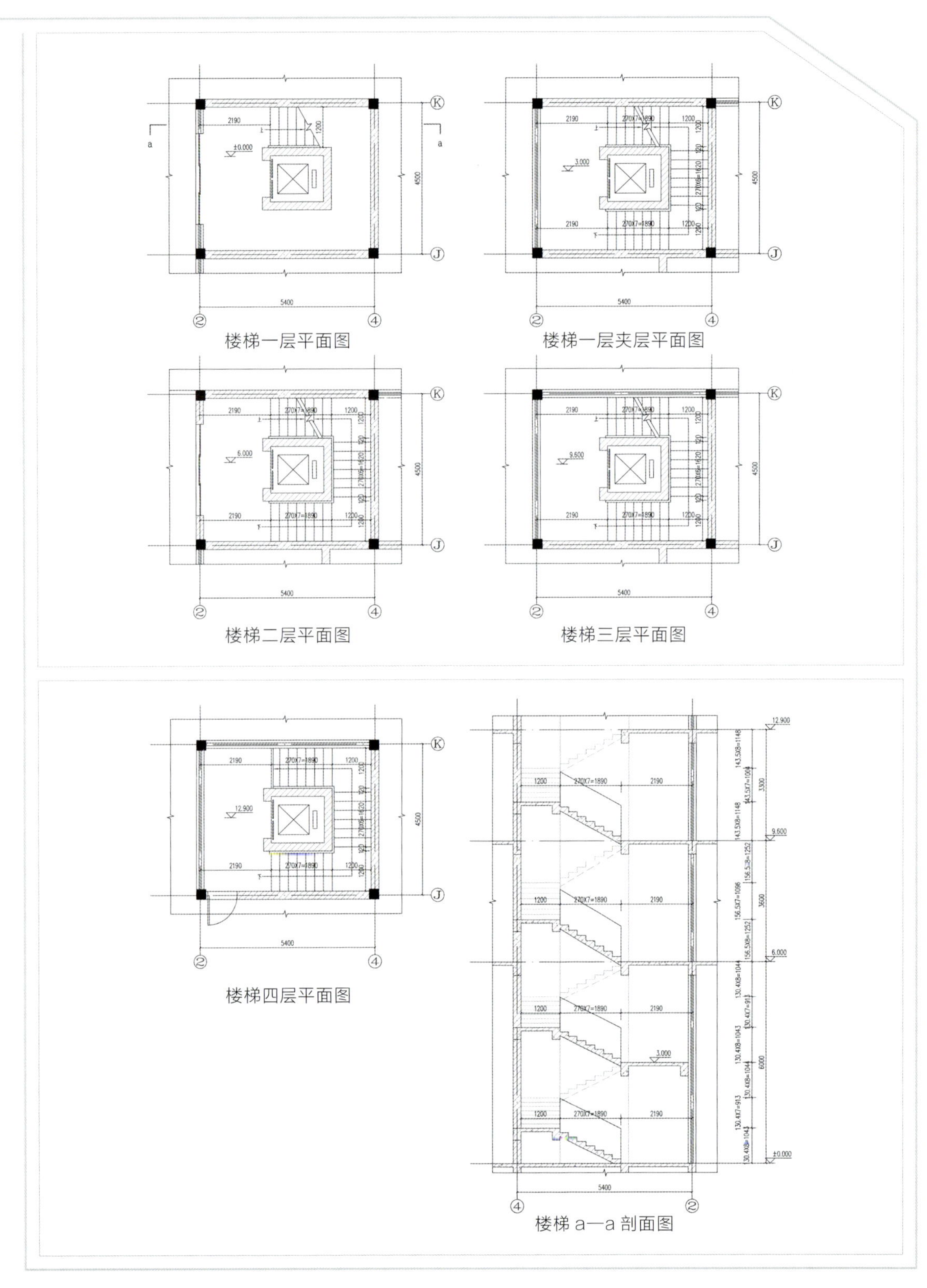
楼梯一层平面图
楼梯一层夹层平面图
楼梯二层平面图
楼梯三层平面图
楼梯四层平面图
楼梯 a—a 剖面图

门窗表

类型	设计编号	洞口尺寸(毫米)	数量	图集名称	备注
普通门	M0921	900X2100	19	国标04J601-1	实木门
	M0721	700X2100	8		
	M4155	4140X5500	1	国标16J607	铝合金门
	M4655	4560X5500	1		
	M4255	4160X5500	1		
	M6332	6300X3150	1		
	MLC6332	6300X3150	1		
	M2727	2700X2700	1		
	M3532	3540X3150	2		
	M2127	2100X2700	3		
	M4132	4140X3150	1		
	M4832	4800X3150	1		
	M4232	4160X3150	1		
	M3328	3300X2800	1		
	M1824	1800X2400	2		
	M1524	1500X2400	1		
	M0924	900X2400	1		
普通窗	C6754	6600X5400	1	国标16J607	铝合金窗
	C5454	5400X5400	1		
	C1754	C1754X5400	1		
	C5054	5040X5400	2		
	C6454	6360X5400	2		
	C5231	5160X3050	2		
	C4231	4160X3050	1		
	C0931	900X3050	4		
	C3431	3360X3050	1		
	C4331	4300X3050	1		
	C2831	2760X3050	1		
	C3531	3540X3050	1		

类型	设计编号	洞口尺寸(毫米)	数量	图集名称	备注
普通窗	C4631	4560X3050	1	国标16J607	铝合金窗
	C5131	5100X3050	1		
	C1431	1400X3050	1		
	C3631	3600X3050	1		
	C5031	5040X3050	1		
	C0927	900X2700	4		
	C5227	5160X2700	1		
	C6327	6300X2700	1		
	C2027	1960X2700	1		
	C4727	4660X2700	1		
	C4327	4300X2700	1		
	C5027	5040X2700	2		
	C4127	4140X2700	3		
	C2827	2760X2700	1		
	C3627	3600X2700	3		
	C1518	1500X1800	2		
	C4227	4160X2700	1		
	aC4127	4100X2700	1		
	C4827	4800X2700	1		
	C4627	4560X2700	1		
	C3527	3540X2700	1		
	C5024	5040X2400	1		
	C4124	4140X2400	1		

注：窗外形尺寸均为洞口尺寸，洞口尺寸在不影响到建筑安全问题下，业主可自行调整。

900(700)
2100
M0921(M0721)

1740
2500
5400
2900
C1754

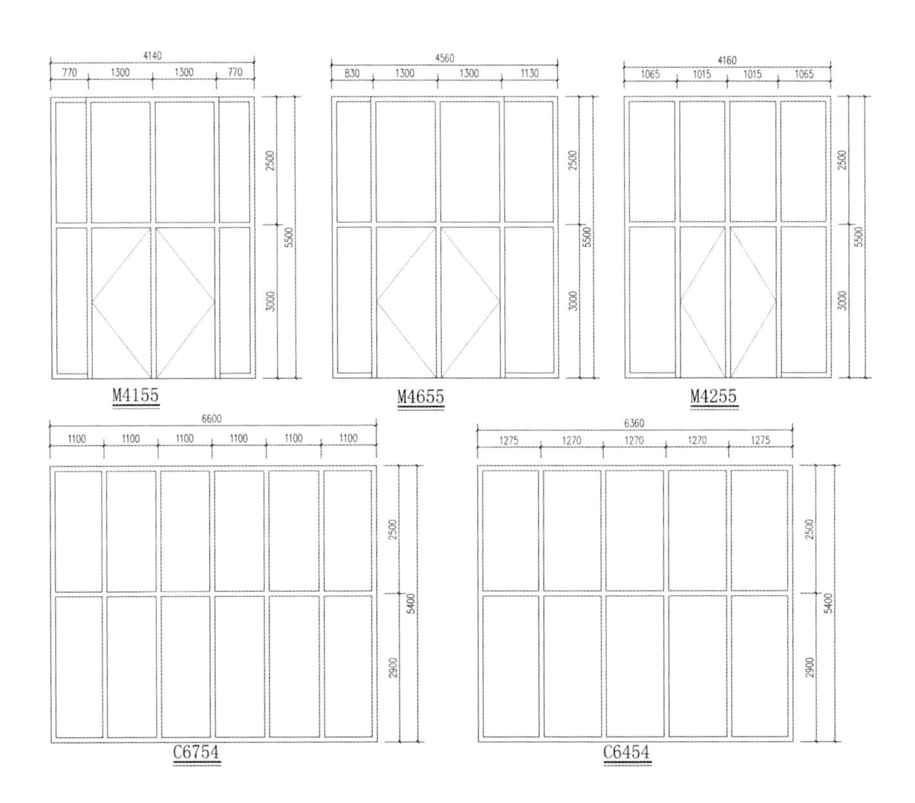

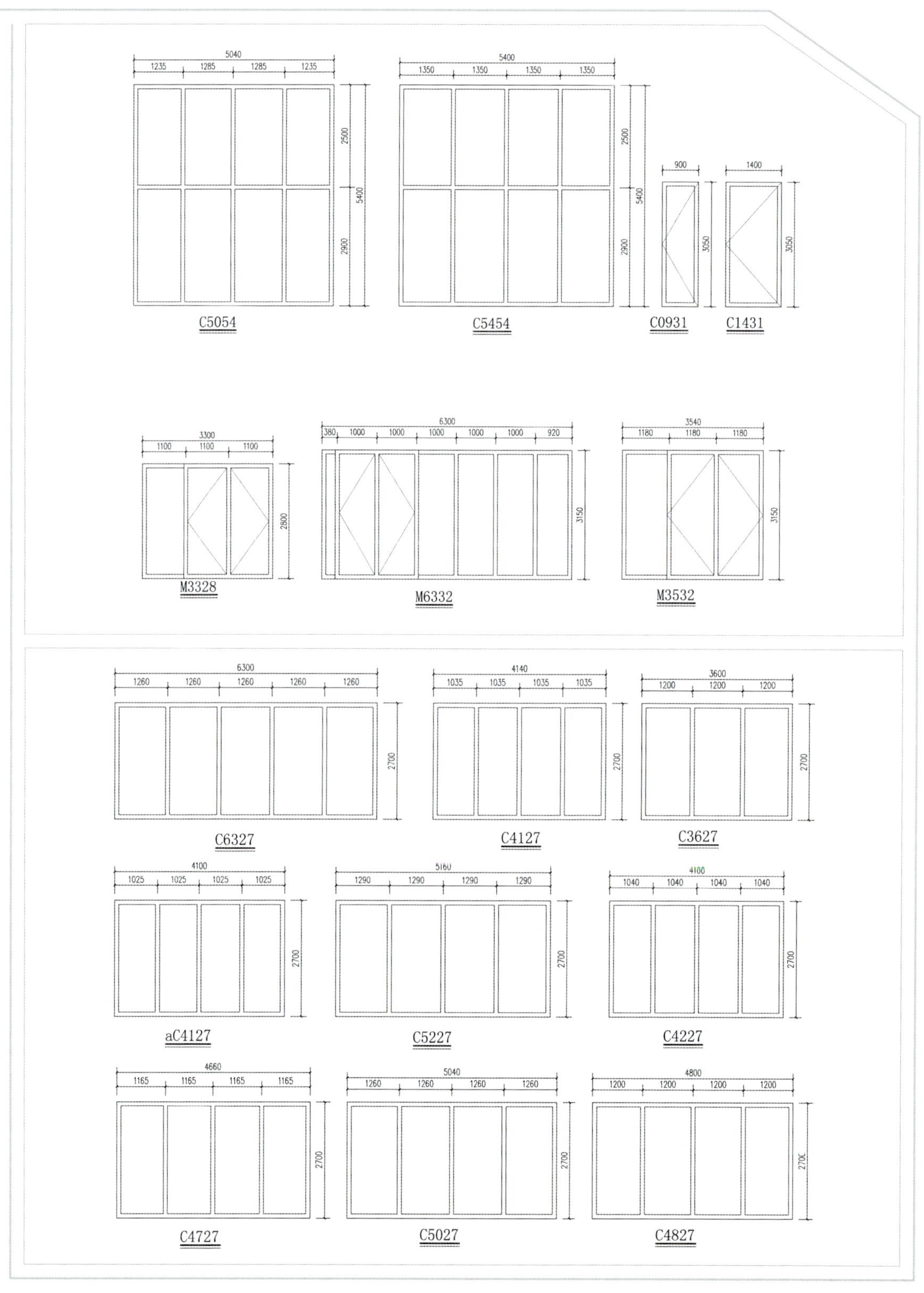
5040
1235 1285 1285 1235
2500 5400 2900
C5054
5400
1350 1350 1350 1350
2500 5400 2900
C5454
900
3050
C0931
1400
3050
C1431
3300
1100 1100 1100
2800
M3328
6300
380 1000 1000 1000 1000 1000 920
3150
M6332
3540
1180 1180 1180
3150
M3532
6300
1260 1260 1260 1260 1260
2700
C6327
4140
1035 1035 1035 1035
2700
C4127
3600
1200 1200 1200
2700
C3627
4100
1025 1025 1025 1025
2700
aC4127
5160
1290 1290 1290 1290
2700
C5227
4100
1040 1040 1040 1040
2700
C4227
4660
1165 1165 1165 1165
2700
C4727
5040
1260 1260 1260 1260
2700
C5027
4800
1200 1200 1200 1200
2700
C4827

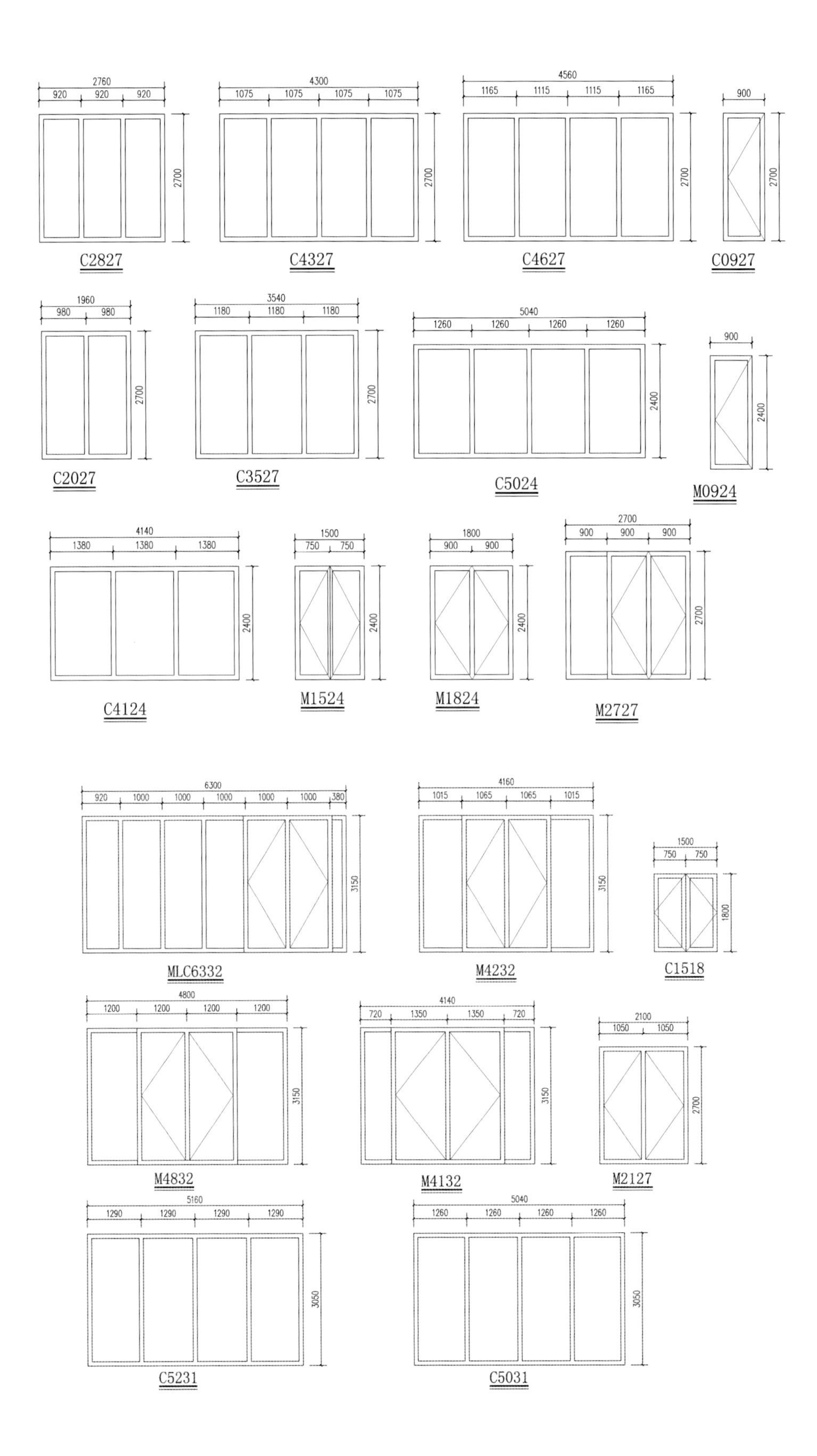
2760
920
920
920
2700
C2827
4300
1075
1075
1075
1075
2700
C4327
4560
1165
1115
1115
1165
2700
C4627
900
2700
C0927
1960
980
980
2700
C2027
3540
1180
1180
1180
2700
C3527
5040
1260
1260
1260
1260
2400
C5024
900
2400
M0924
4140
1380
1380
1380
2400
C4124
1500
750
750
2400
M1524
1800
900
900
2400
M1824
2700
900
900
900
2700
M2727
6300
920
1000
1000
1000
1000
1000
380
3150
MLC6332
4160
1015
1065
1065
1015
3150
M4232
1500
750
750
1800
C1518
4800
1200
1200
1200
1200
3150
M4832
4140
720
1350
1350
720
3150
M4132
2100
1050
1050
2700
M2127
5160
1290
1290
1290
1290
3050
C5231
5040
1260
1260
1260
1260
3050
C5031

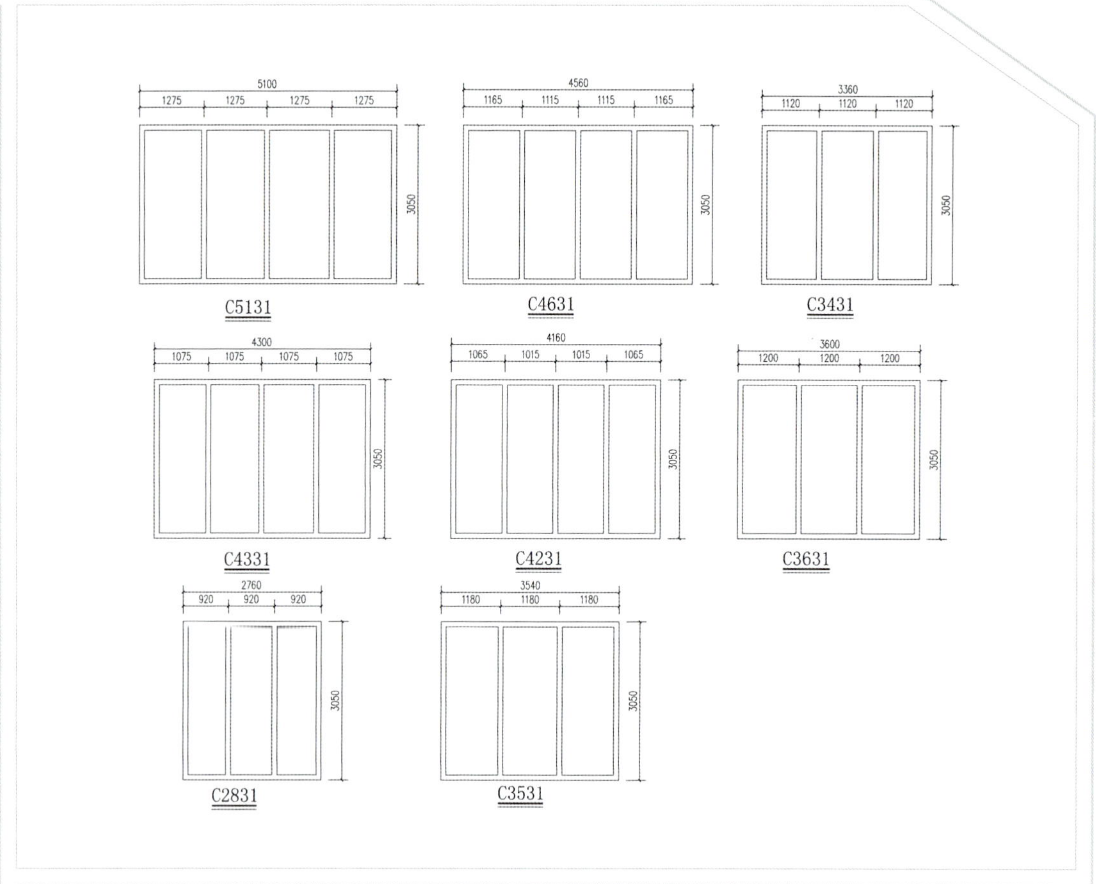

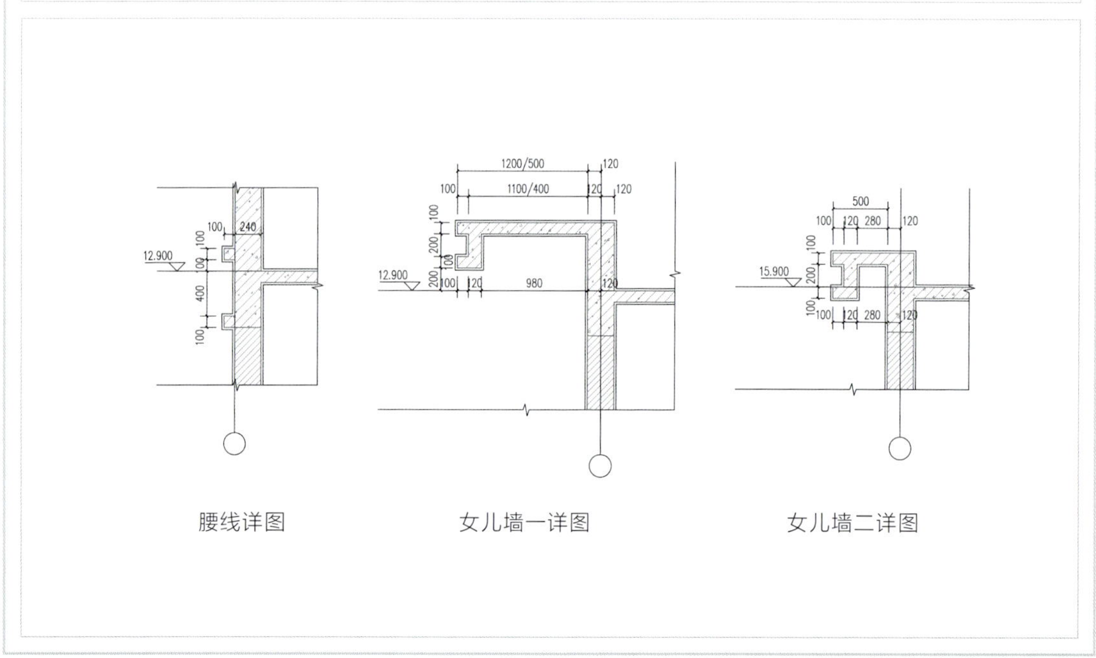

腰线详图　　女儿墙一详图　　女儿墙二详图

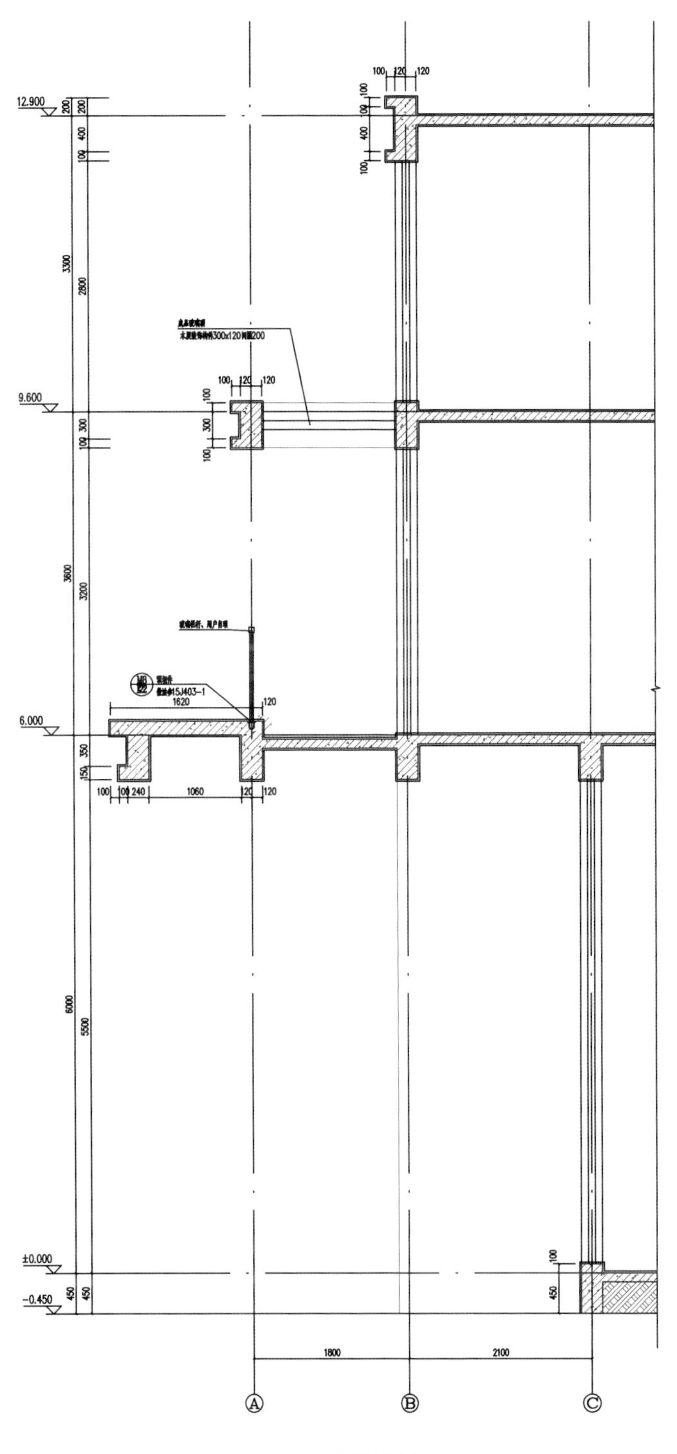

墙身详图

一层平面图

三层别墅 MS2007051

THREE-STOREY VILLA

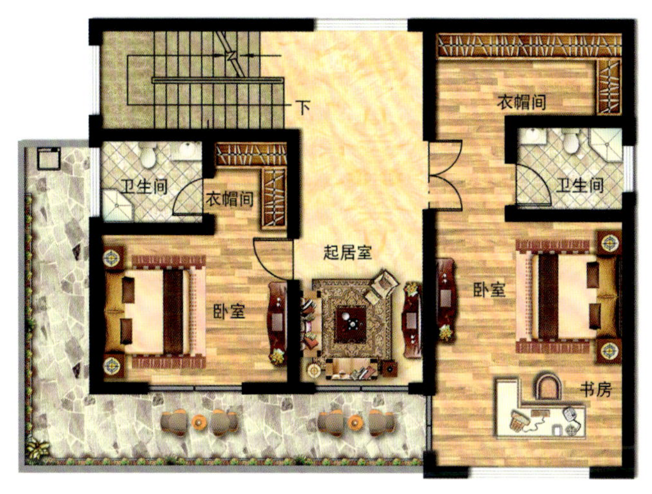

二层平面图

三层平面图

户型信息

【层　　数】三 层

【结构形式】砖混结构

【开　　间】12 米

【进　　深】9.38 米

【占地面积】100.86 平方米

【建筑面积】307.42 平方米

【预估造价】约 38 万元

效果图

一层平面图

三层别墅 MS2007060

THREE-STOREY VILLA

二层平面图

三层平面图

户型信息

【层　　数】三 层

【结构形式】框架结构

【开　　间】17.94 米

【进　　深】18.84 米

【占地面积】337.99 平方米

【建筑面积】701.32 平方米

【预估造价】约 105 万元

效果图

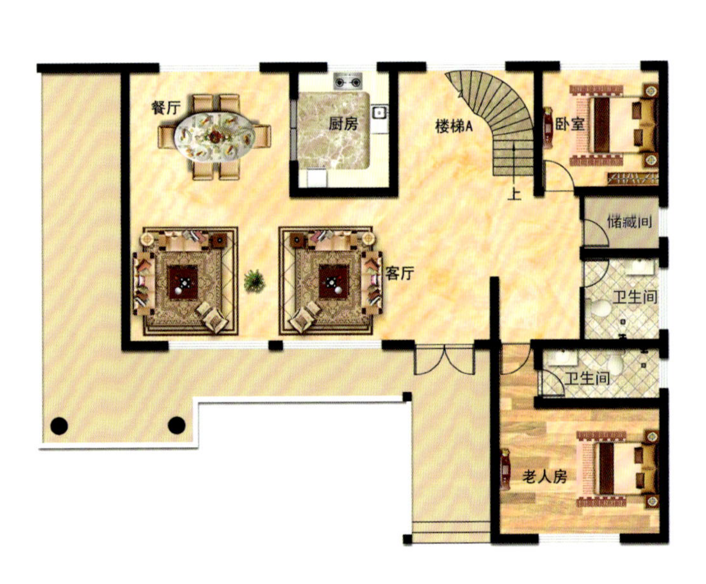

一层平面图

三层别墅 MS2007070

THREE-STOREY VILLA

二层平面图

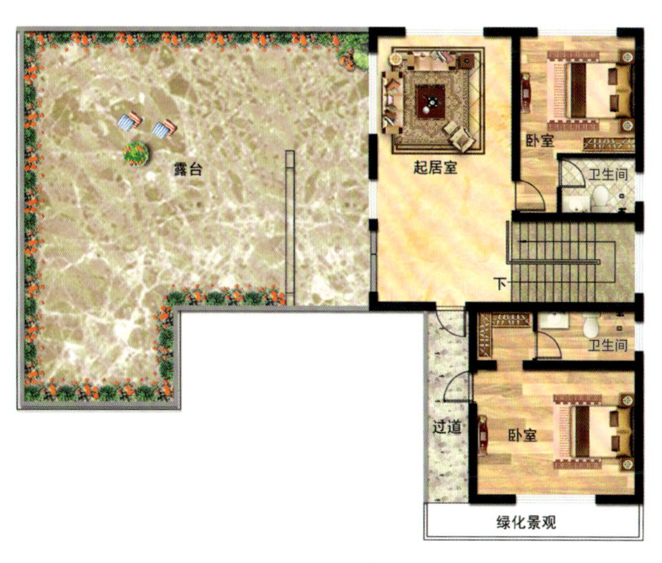

三层平面图

户型信息

【层　　数】三 层

【结构形式】框架结构

【开　　间】18.74 米

【进　　深】13.84 米

【占地面积】220.92 平方米

【建筑面积】504.5 平方米

【预估造价】约 73 万元

效果图

一层平面图

三层别墅 MS2007073

THREE-STOREY VILLA

二层平面图

三层平面图

户型信息

【层　　数】三 层

【结构形式】框架结构

【开　　间】15.3 米

【进　　深】7.8 米

【占地面积】132.7 平方米

【建筑面积】327.1 平方米

【预估造价】约 47 万元

一层平面图

三层别墅 MS2107003

THREE-STOREY VILLA

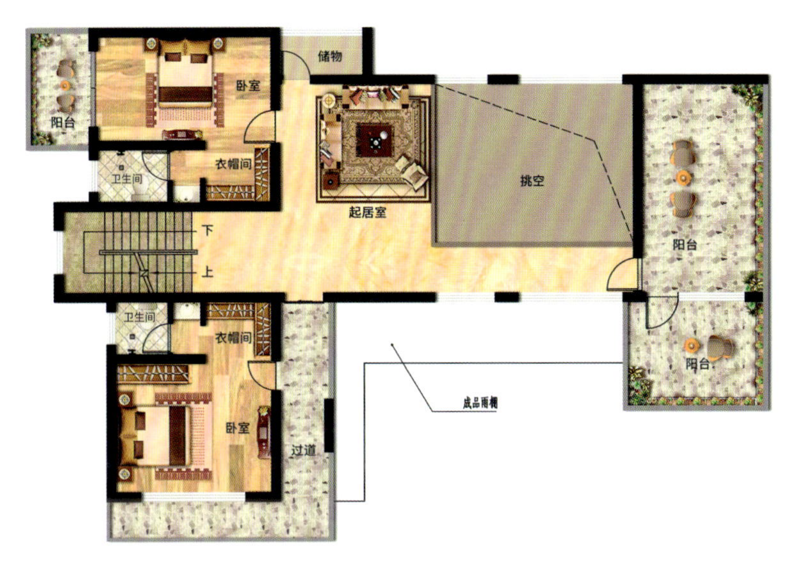

二层平面图

三层平面图

户型信息

【层　　数】三 层

【结构形式】框架结构

【开　　间】19.5 米

【进　　深】12.8 米

【占地面积】196.8 平方米

【建筑面积】464.6 平方米

【预估造价】约 67 万元

效果图

一层平面图

三层别墅 MS2107010

THREE-STOREY VILLA

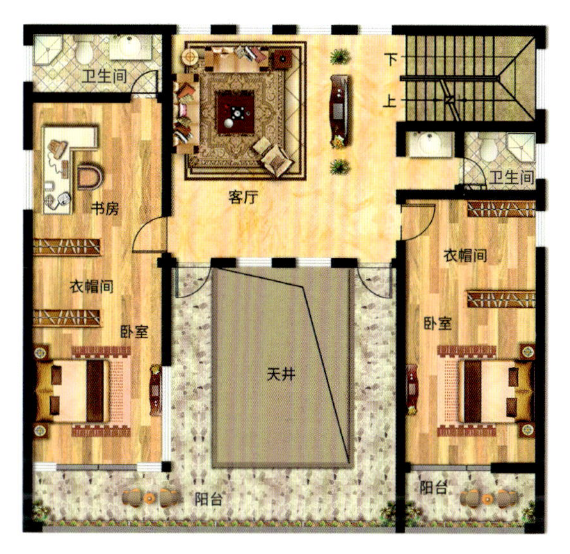

二层平面图

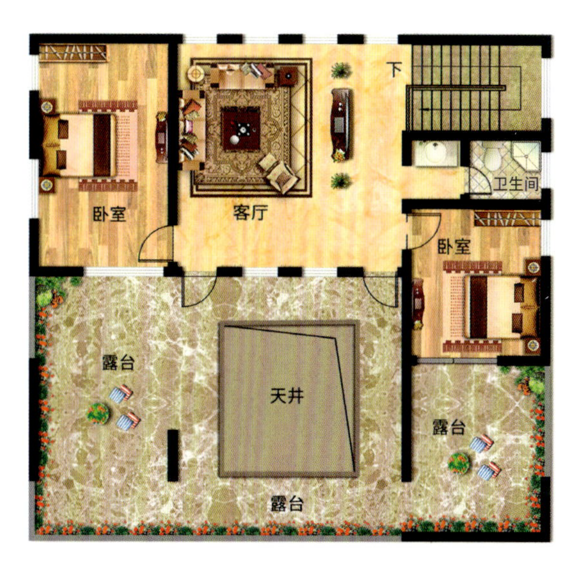

三层平面图

户型信息

【层　　数】三 层

【结构形式】框架结构

【开　　间】13.44 米

【进　　深】12.52 米

【占地面积】126.4 平方米

【建筑面积】369.6 平方米

【预估造价】约 49 万元

效果图

一层平面图

三层别墅 MS2107018

THREE-STOREY VILLA

二层平面图

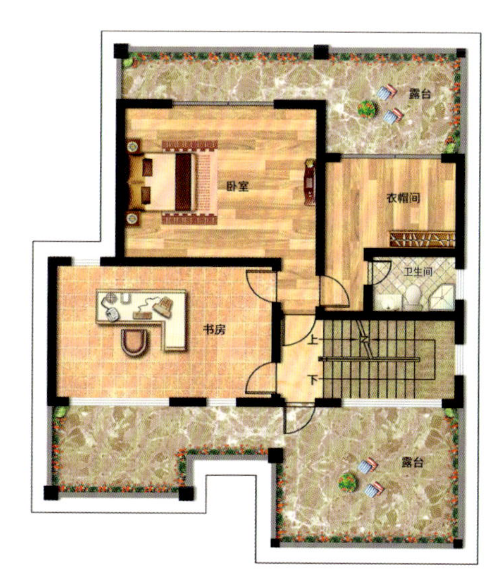

三层平面图

户型信息

【层　　数】三 层

【结构形式】砖混结构

【开　　间】12.24 米

【进　　深】15.32 米

【占地面积】163.3 平方米

【建筑面积】520.3 平方米

【预估造价】约 60 万元

效果图

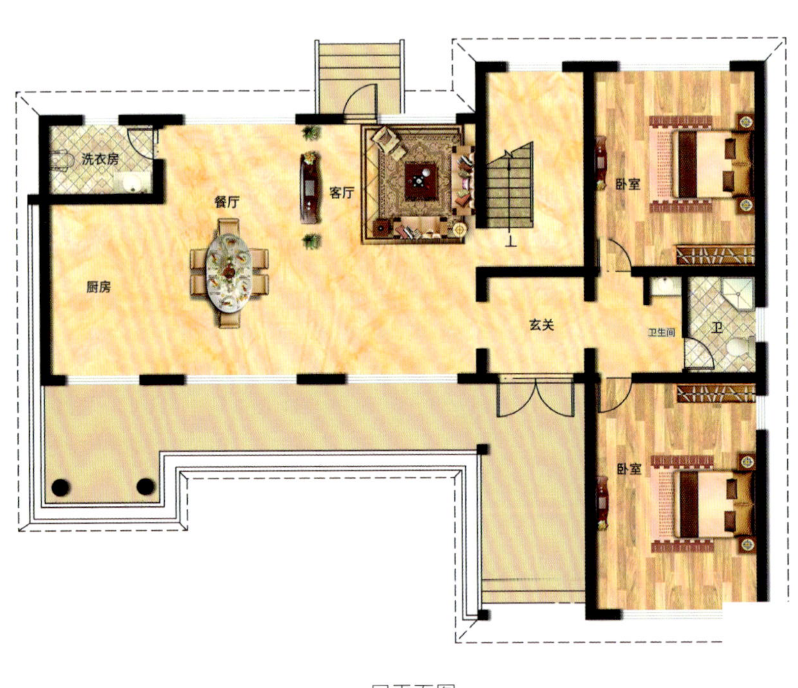

一层平面图

三层别墅 MS2107020

THREE-STOREY VILLA

二层平面图

三层平面图

户型信息

【结构形式】框架结构

【占地面积】210.0 平方米

【开　　间】19.04 米

【建筑面积】570.3 平方米

【层　　数】三 层

【进　　深】14.14 米

【预估造价】约 75 万元

效果图

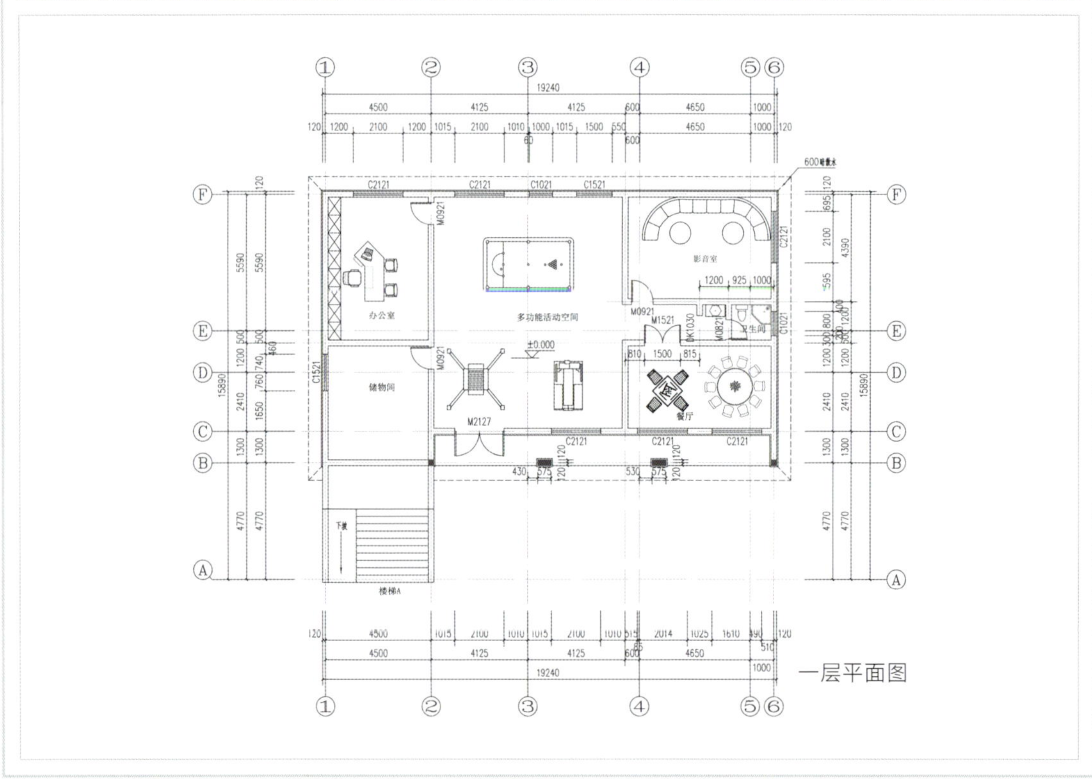

一层平面图

三层别墅 MS2107021

THREE-STOREY VILLA

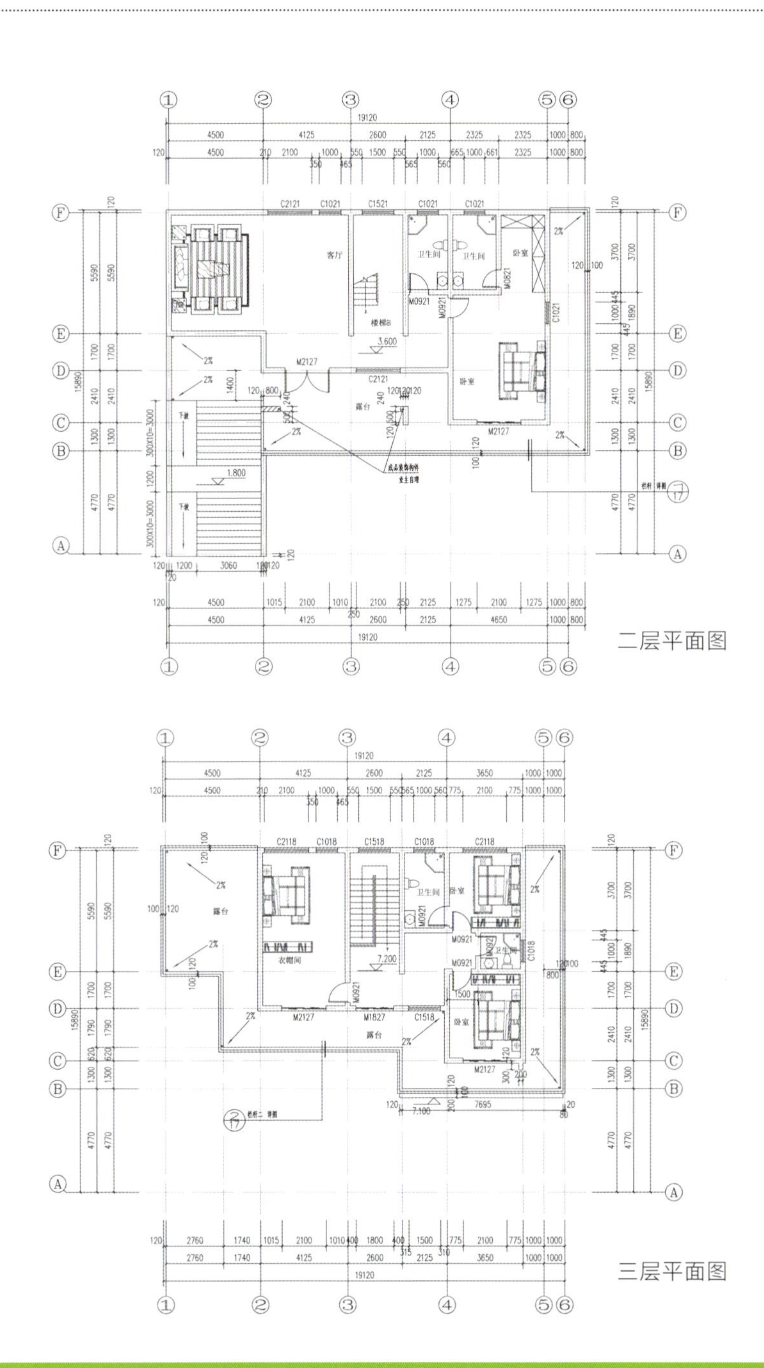

二层平面图

三层平面图

户型信息

【层　　数】三 层

【结构形式】框架结构

【开　　间】19.24 米

【进　　深】15.89 米

【占地面积】238.8 平方米

【建筑面积】548.2 平方米

【预估造价】约 73 万元

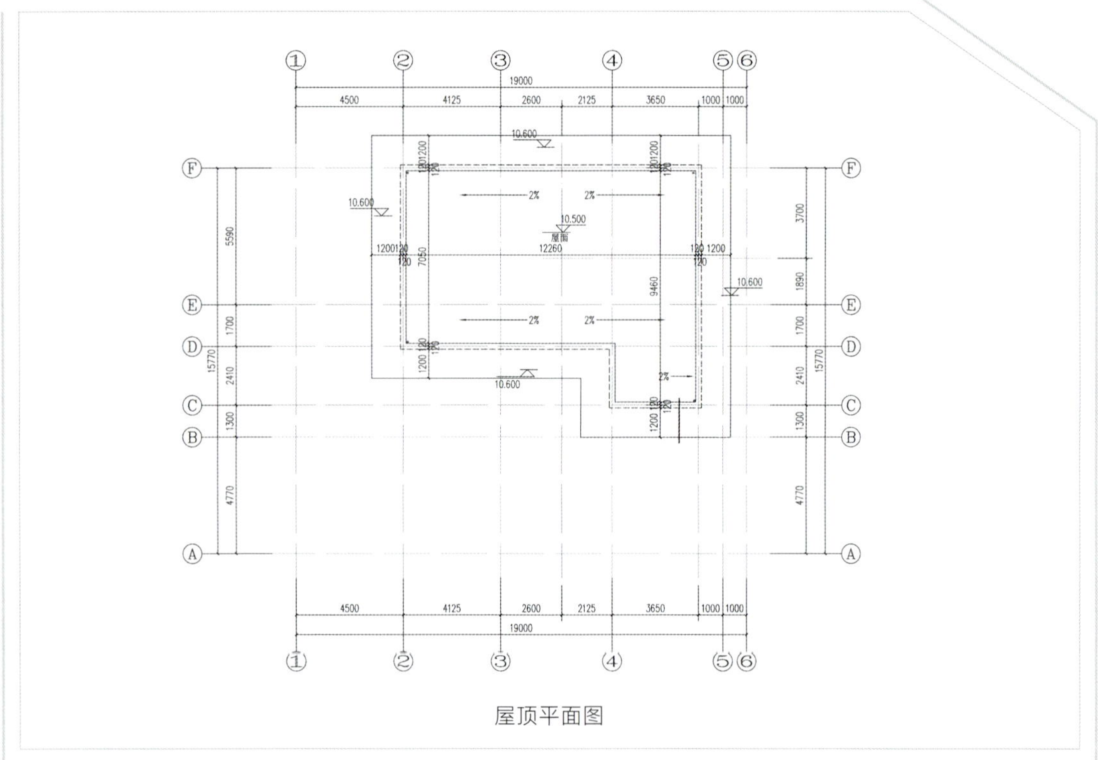

屋顶平面图

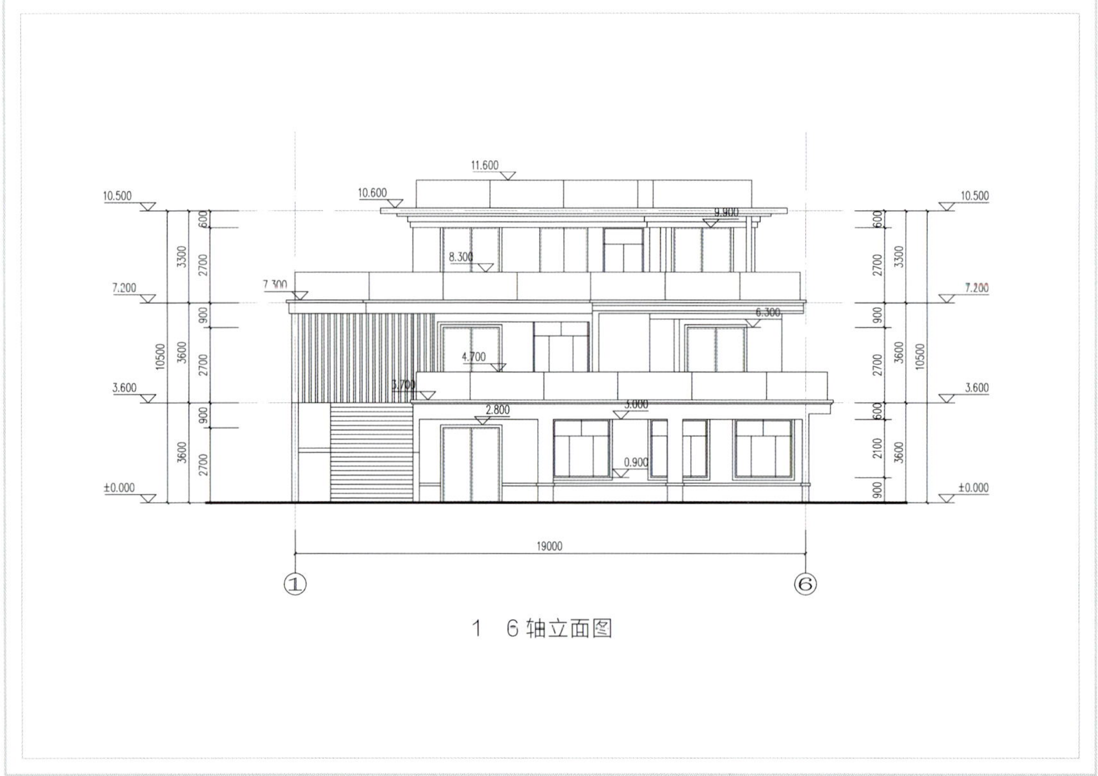

1 6 轴立面图

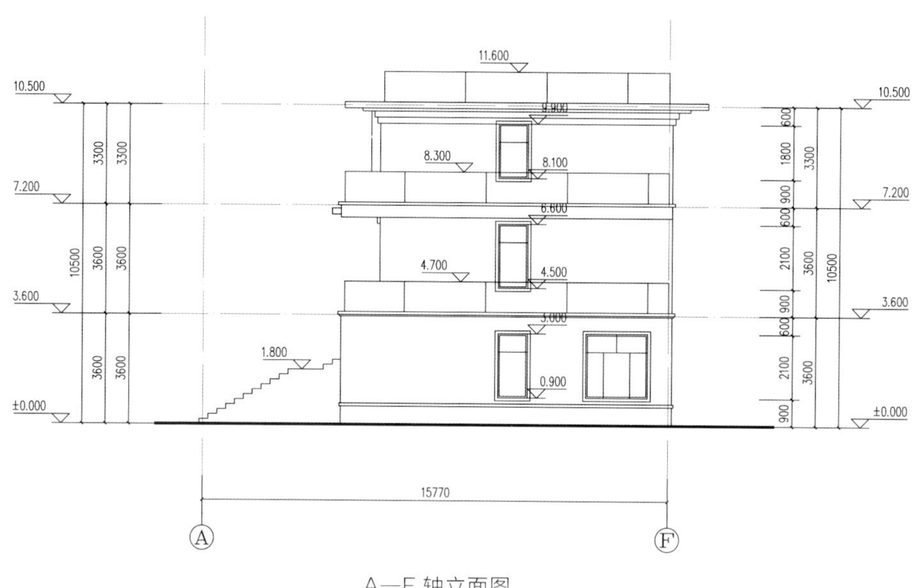

A—F 轴立面图

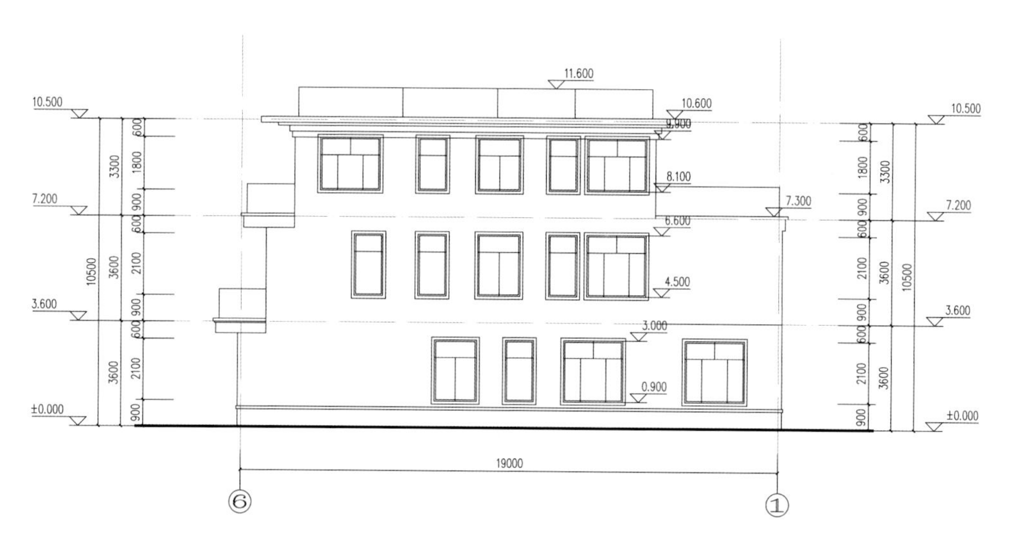

6—1 轴立面图

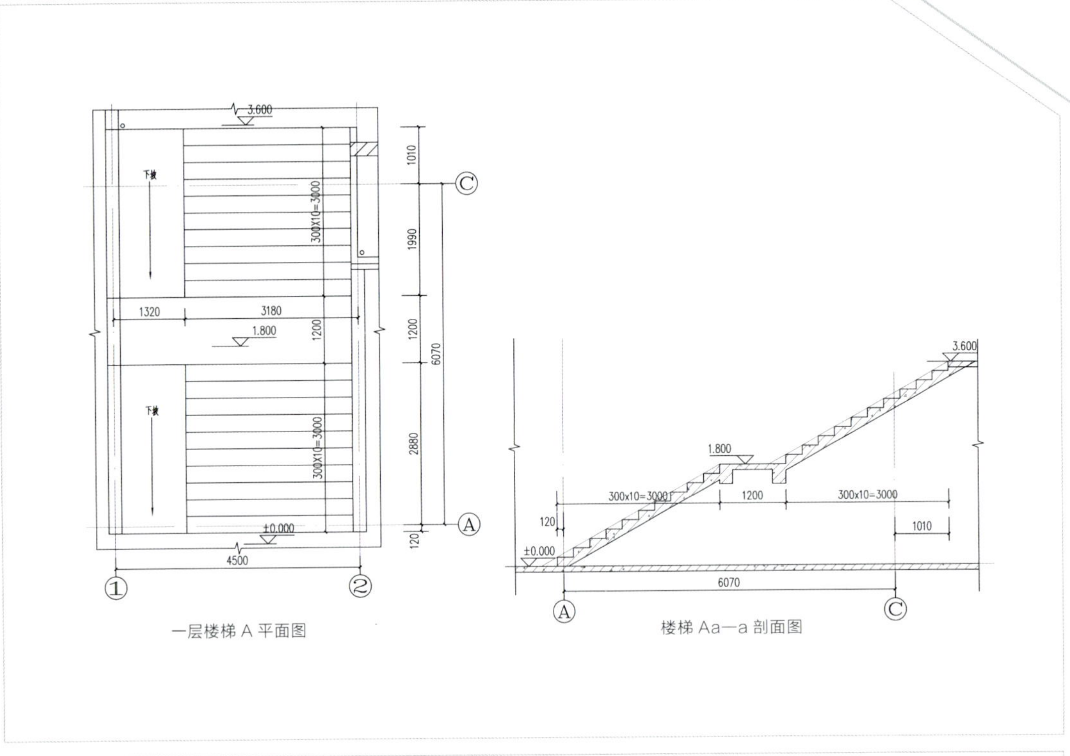

一层楼梯 A 平面图

楼梯 Aa—a 剖面图

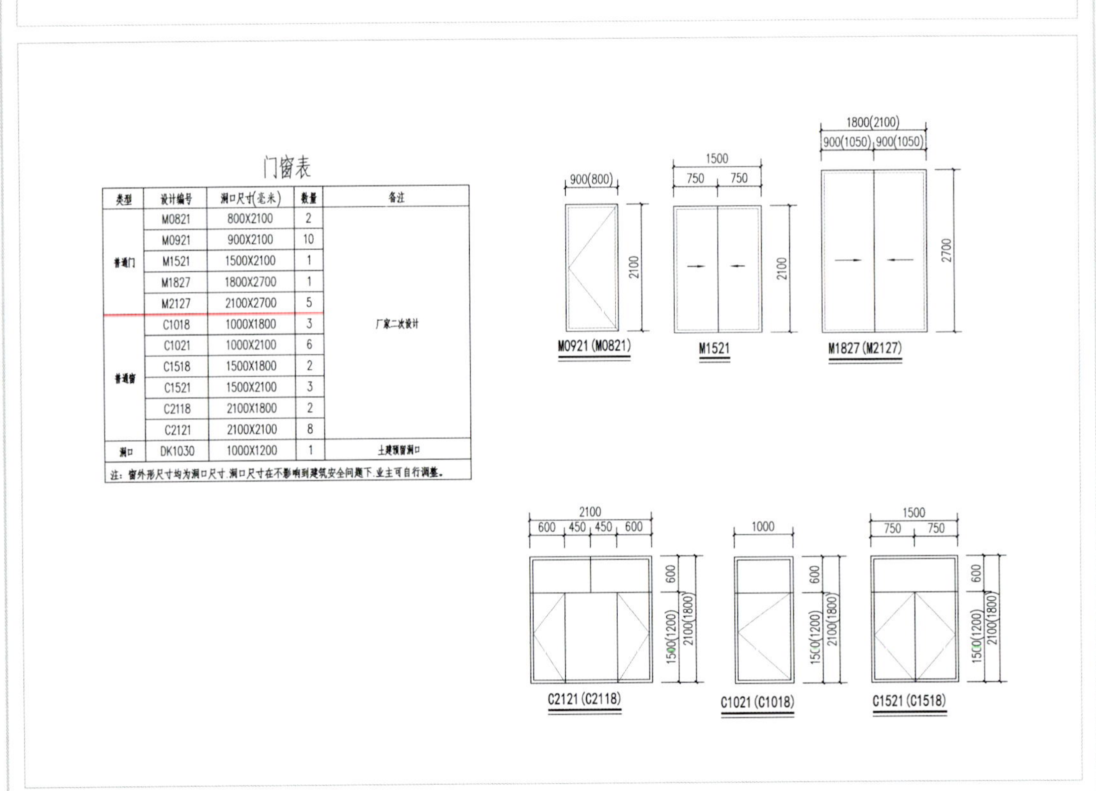

门窗表

类型	设计编号	洞口尺寸(毫米)	数量	备注
普通门	M0821	800X2100	2	厂家二次设计
	M0921	900X2100	10	
	M1521	1500X2100	1	
	M1827	1800X2700	1	
	M2127	2100X2700	5	
普通窗	C1018	1000X1800	3	
	C1021	1000X2100	6	
	C1518	1500X1800	2	
	C1521	1500X2100	3	
	C2118	2100X1800	2	
	C2121	2100X2100	8	
洞口	DK1030	1000X1200	1	土建预留洞口

注：窗外形尺寸均为洞口尺寸.洞口尺寸在不影响到建筑安全问题下.业主可自行调整。

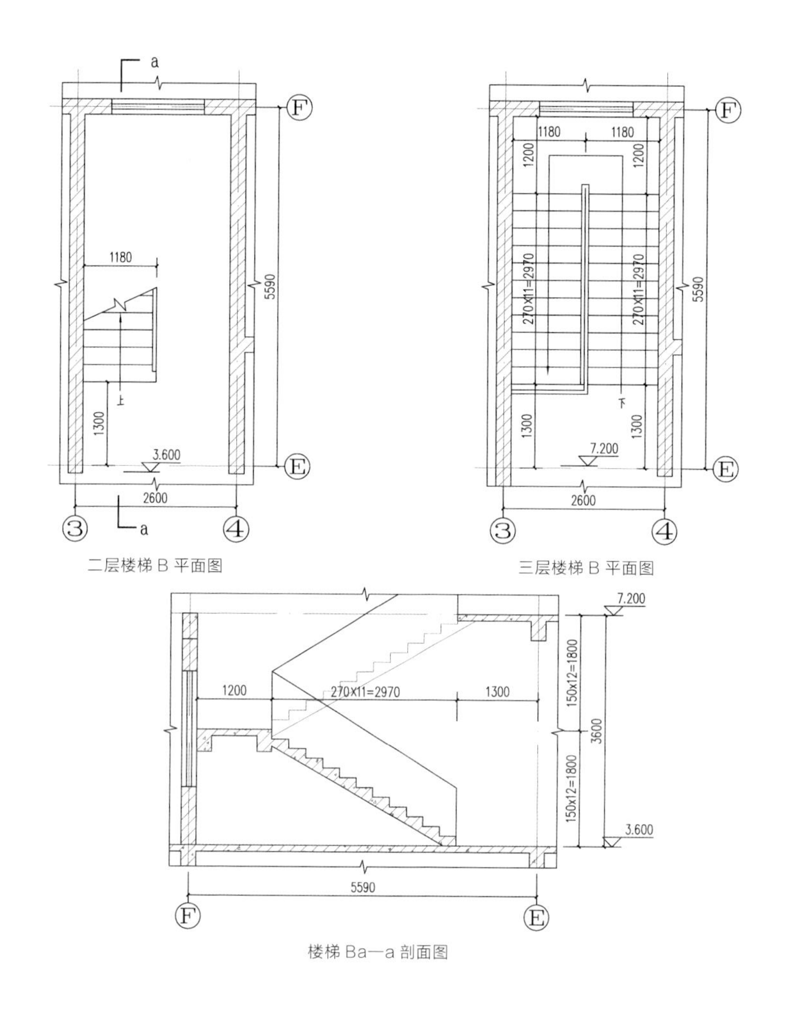

二层楼梯 B 平面图

三层楼梯 B 平面图

楼梯 Ba—a 剖面图

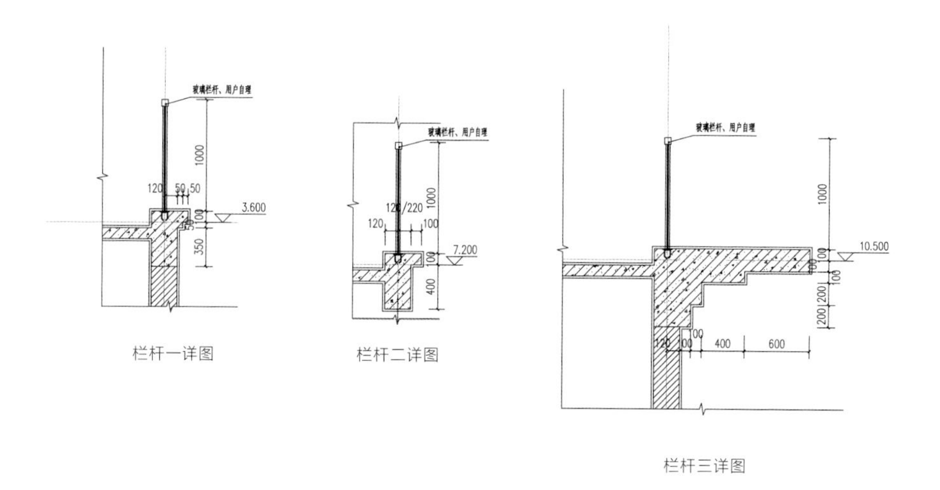

栏杆一详图

栏杆二详图

栏杆三详图

效果图

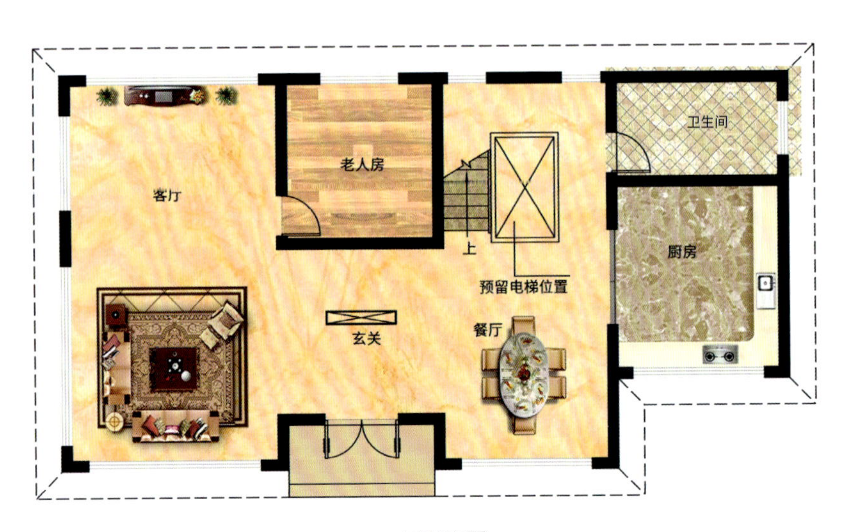

一层平面图

三层别墅 MS2107032

THREE-STOREY VILLA

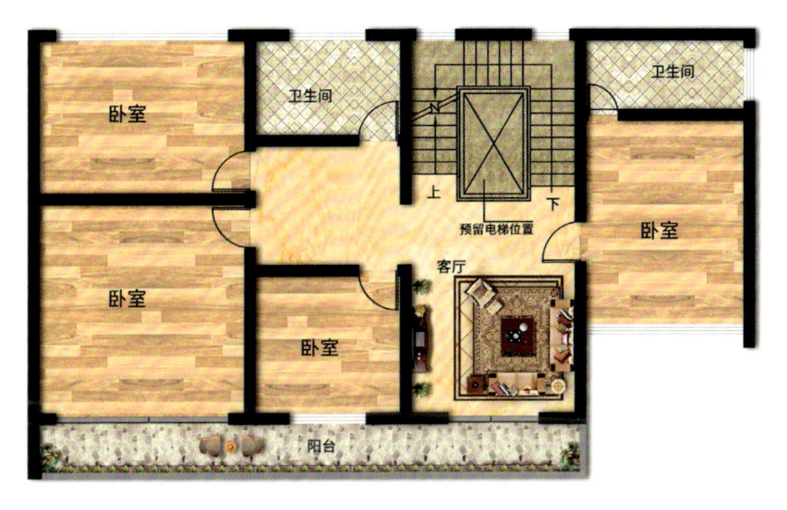

二层平面图

三层平面图

户型信息

【层　　数】三 层

【结构形式】框架结构

【开　　间】16.73 米

【进　　深】9.88 米

【占地面积】139.4 平方米

【建筑面积】469.9 平方米

【预估造价】约 59 万元

效果图

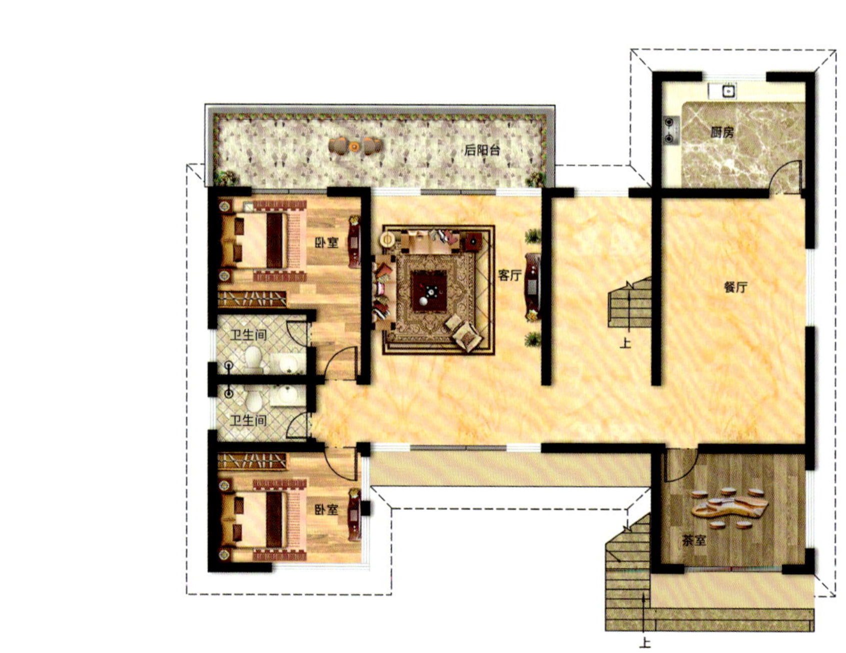

一层平面图

三层别墅 MS2107045

THREE-STOREY VILLA

二层平面图

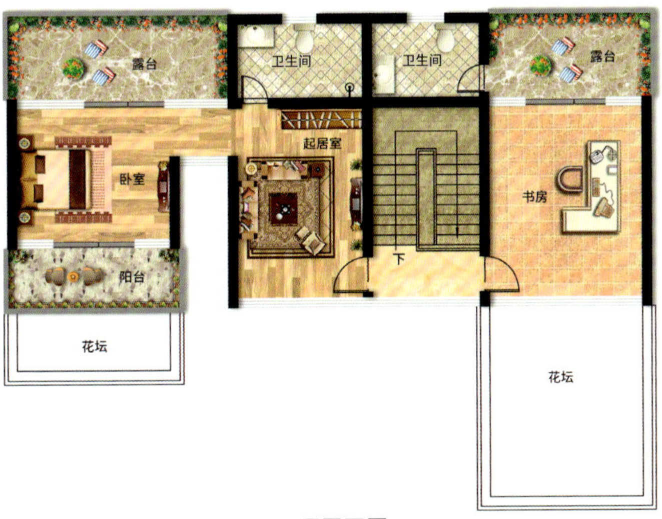

三层平面图

户型信息

【层　　数】三 层

【结构形式】砖混结构

【开　　间】16.64 米

【进　　深】13.34 米

【占地面积】196.9 平方米

【建筑面积】409.0 平方米

【预估造价】约 45 万元

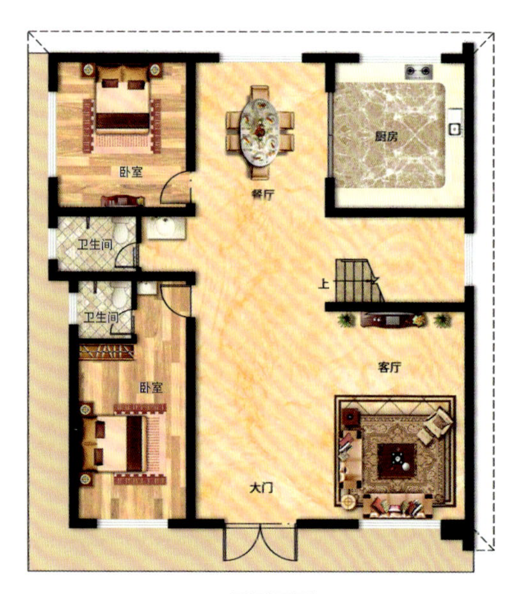

一层平面图

三层别墅 MS2107048

THREE-STOREY VILLA

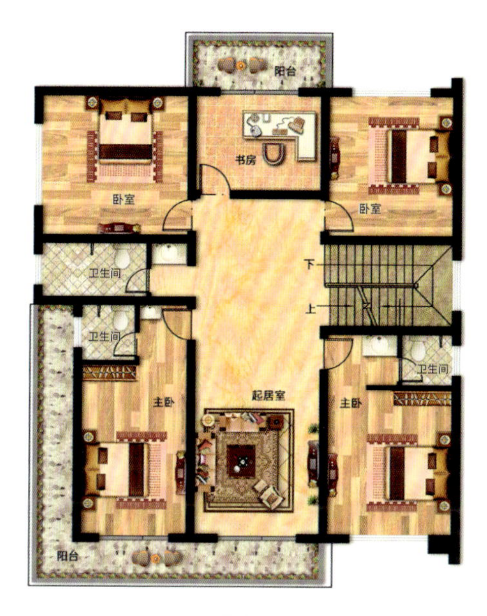

二层平面图

三层平面图

户型信息

【层　　数】三 层

【结构形式】砖混结构

【开　　间】12.12 米

【进　　深】14.62 米

【占地面积】162.0 平方米

【建筑面积】454.4 平方米

【预估造价】约 49 万元

效果图

一层平面图

三层别墅 MS2107051

THREE-STOREY VILLA

二层平面图

三层平面图

户型信息

【层　　数】三 层

【结构形式】砖混结构

【开　　间】13.24 米

【进　　深】13.84 米

【占地面积】175.2 平方米

【建筑面积】419.5 平方米

【预估造价】约 49 万元

效果图

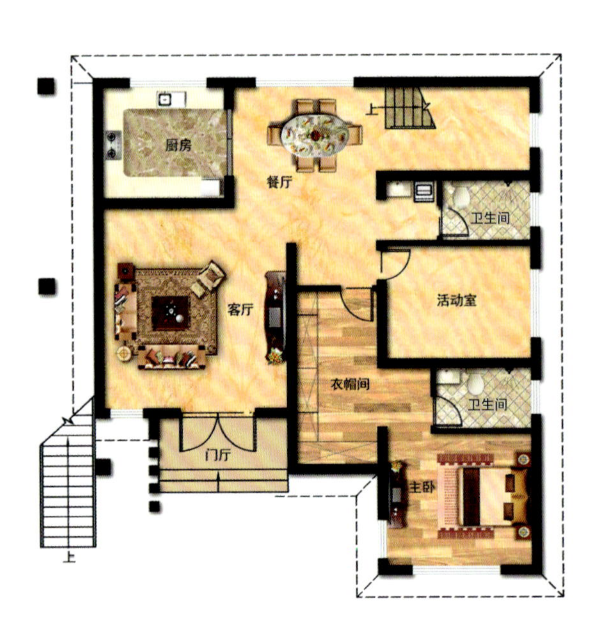

一层平面图

三层别墅 MS2107058

THREE-STOREY VILLA

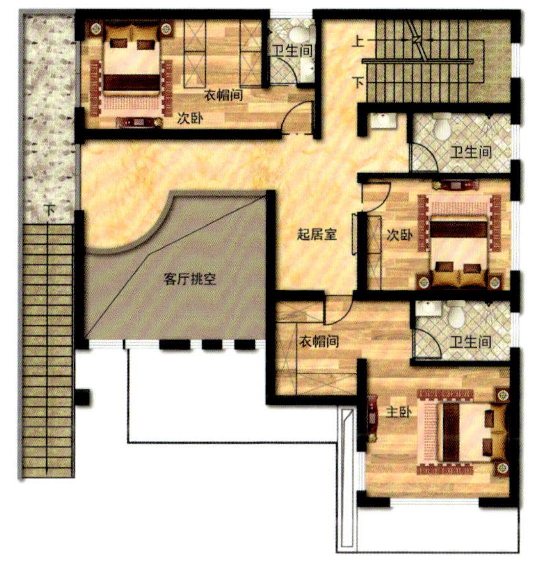

二层平面图

三层平面图

户型信息

【层　　数】三 层

【结构形式】砖混结构

【开　　间】13.74 米

【进　　深】13.24 米

【占地面积】159.2 平方米

【建筑面积】446.5 平方米

【预估造价】约 49 万元

一层平面图

三层别墅 MS2107071

THREE-STOREY VILLA

二层平面图

三层平面图

户型信息

【层　　数】三 层

【结构形式】砖混结构

【开　　间】16.84 米

【进　　深】14.24 米

【占地面积】236.2 平方米

【建筑面积】612.9 平方米

【预估造价】约 78 万元

效果图

一层平面图

三层别墅 MS2107073

THREE-STOREY VILLA

二层平面图

三层平面图

户型信息

【层　　数】三 层

【结构形式】砖混结构

【开　　间】21.5 米

【进　　深】16 米

【占地面积】314.5 平方米

【建筑面积】742.4 平方米

【预估造价】约 95 万元

效果图

一层平面图

三层别墅 MS2107075

THREE-STOREY VILLA

二层平面图

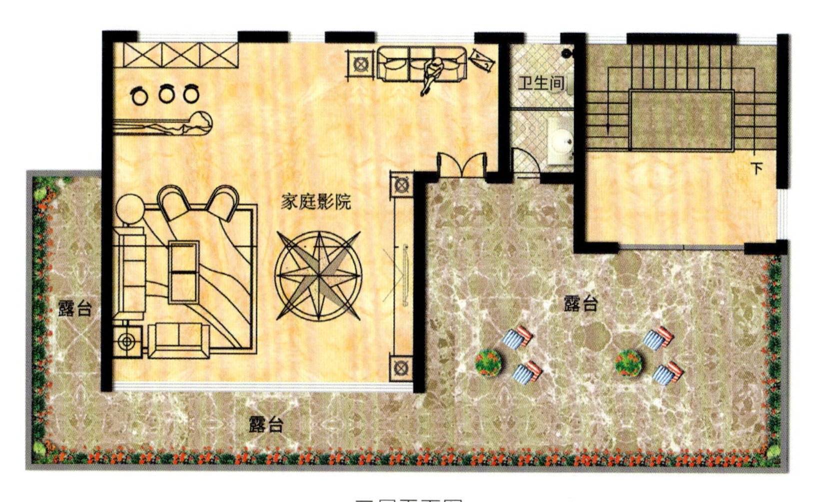

三层平面图

户型信息

【层　　数】三 层

【结构形式】砖混结构

【开　　间】17.92 米

【进　　深】9.92 米

【占地面积】139.0 平方米

【建筑面积】415.0 平方米

【预估造价】约 47 万元

效果图

一层平面图

三层别墅 MS2107089

THREE-STOREY VILLA

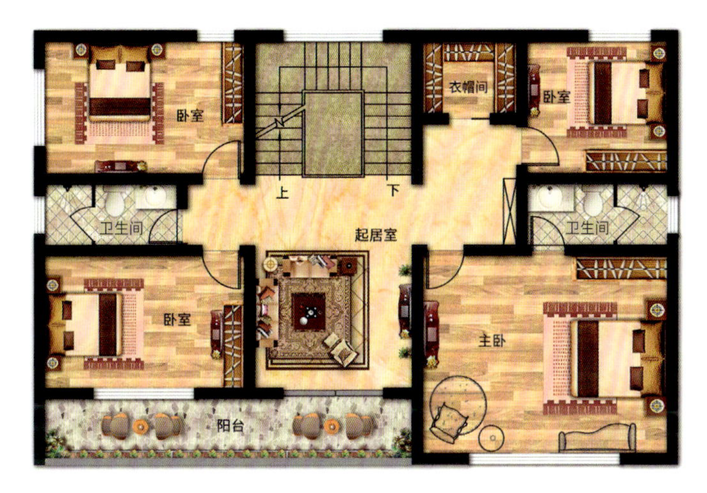

二层平面图

三层平面图

户型信息

【层　　数】三 层

【结构形式】砖混结构

【开　　间】15.3 米

【进　　深】10.0 米

【占地面积】163.0 平方米

【建筑面积】419.6 平方米

【预估造价】约 49 万元

效果图

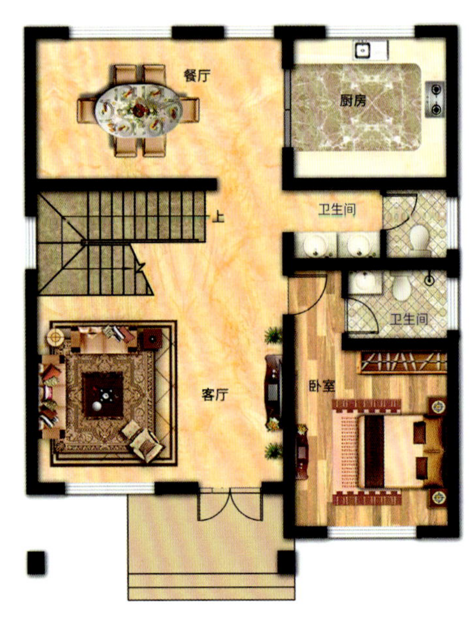

一层平面图

三层别墅 MS2107093

THREE-STOREY VILLA

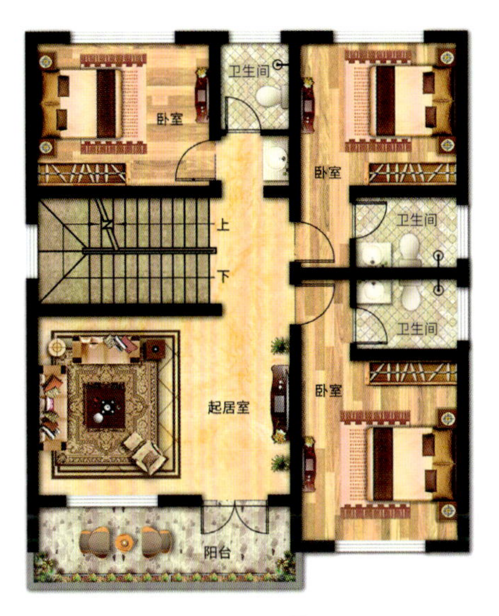

二层平面图

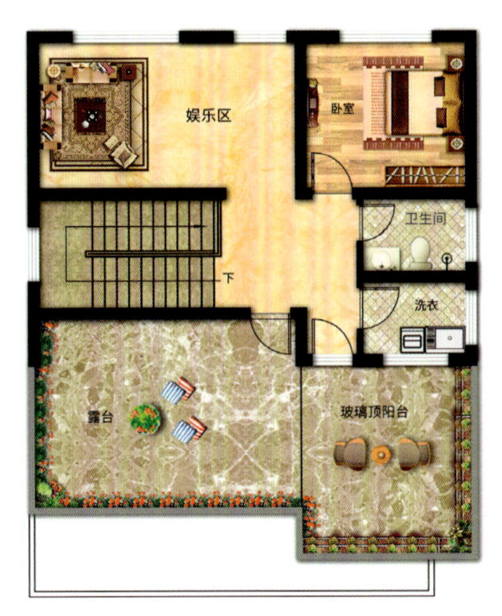

三层平面图

户型信息

【层　　数】三 层

【结构形式】框架结构

【开　　间】10.00 米

【进　　深】12.12 米

【占地面积】119.3 平方米

【建筑面积】299.8 平方米

【预估造价】约 38 万元

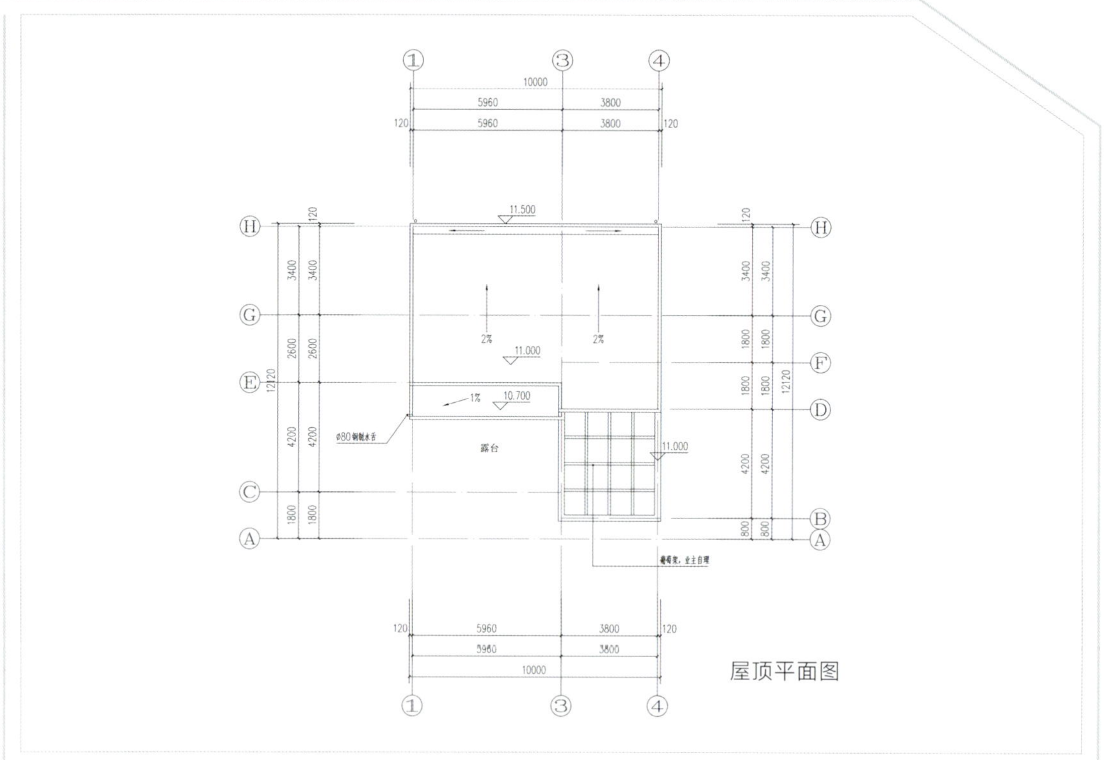

屋顶平面图

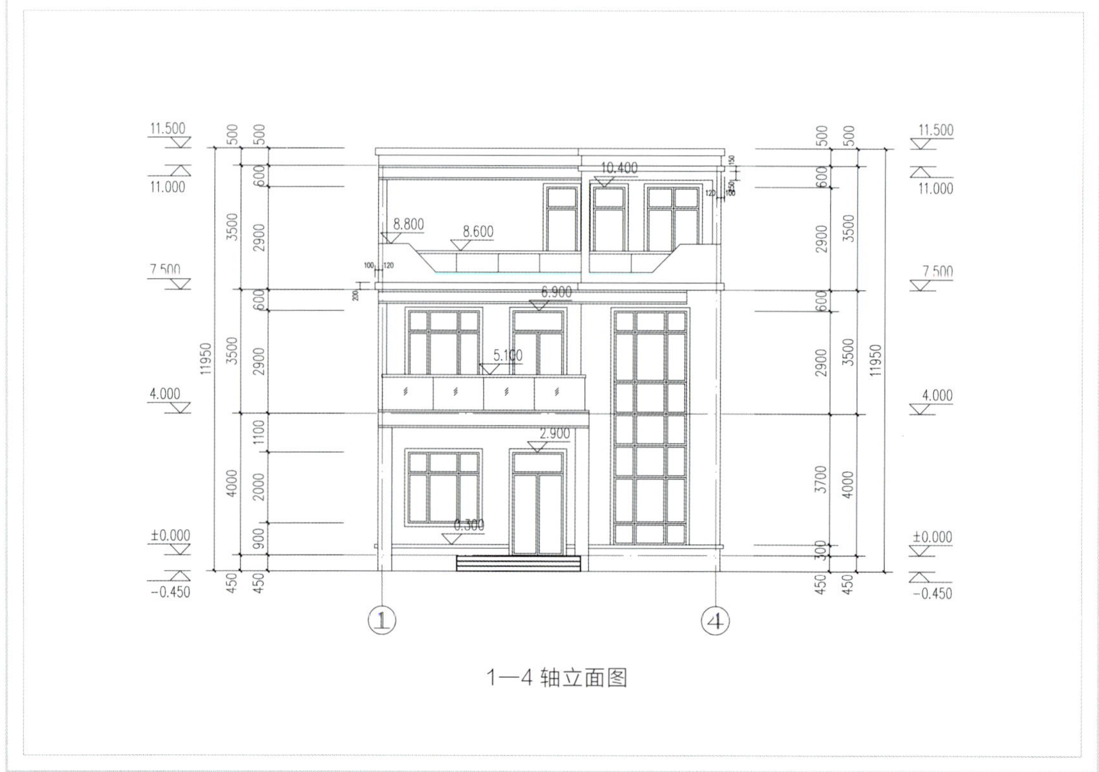

1—4 轴立面图

4—1 轴立面图

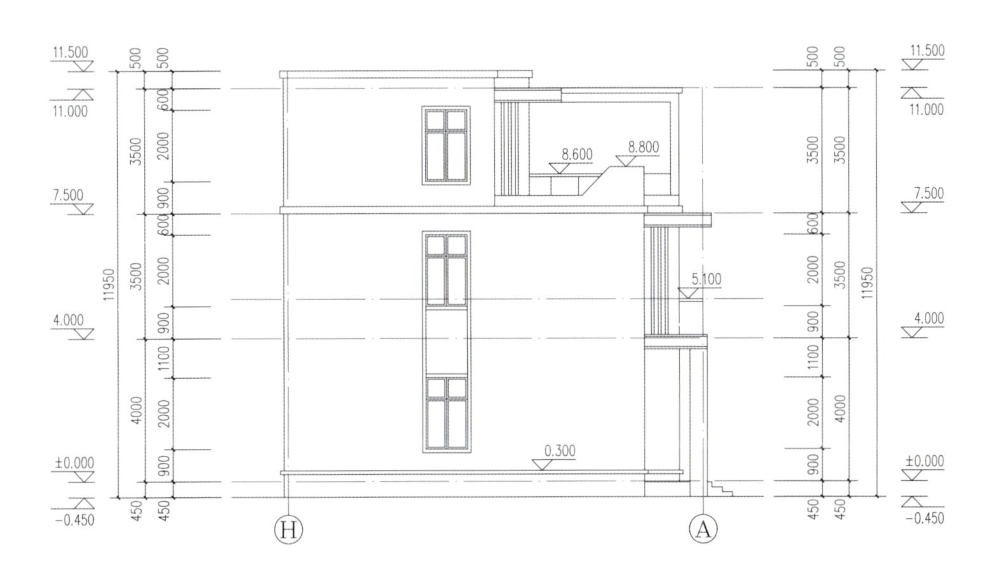

H—A 轴立面图

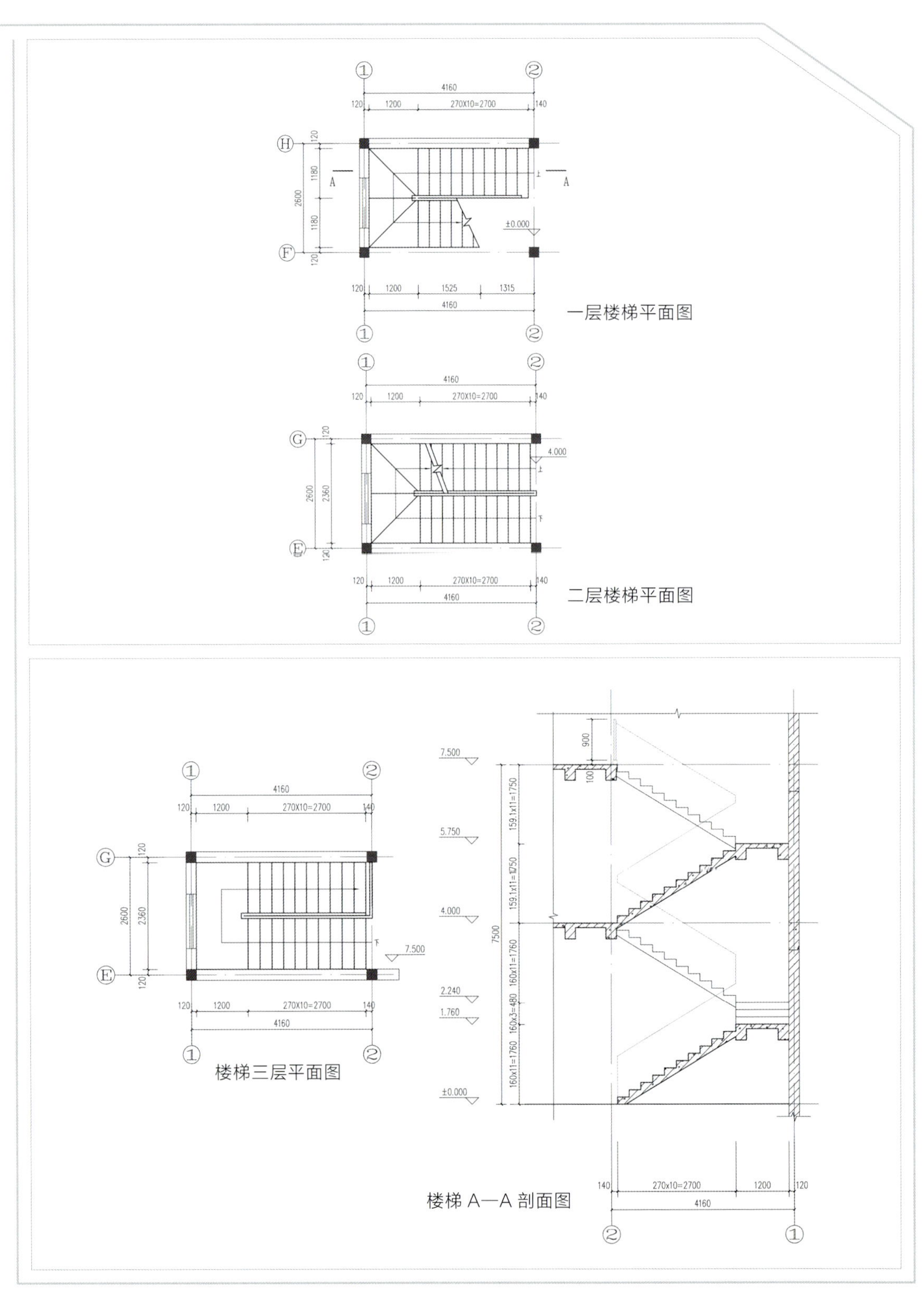
一层楼梯平面图
二层楼梯平面图
楼梯三层平面图
楼梯 A—A 剖面图

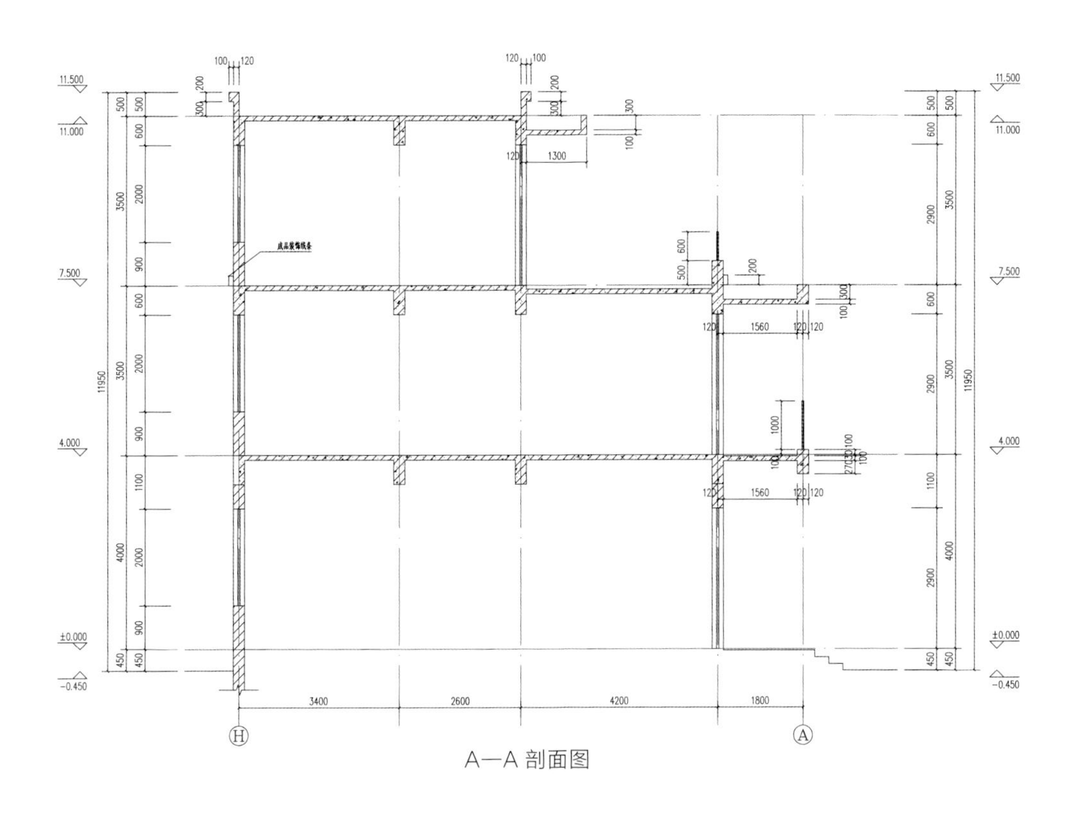

A—A 剖面图

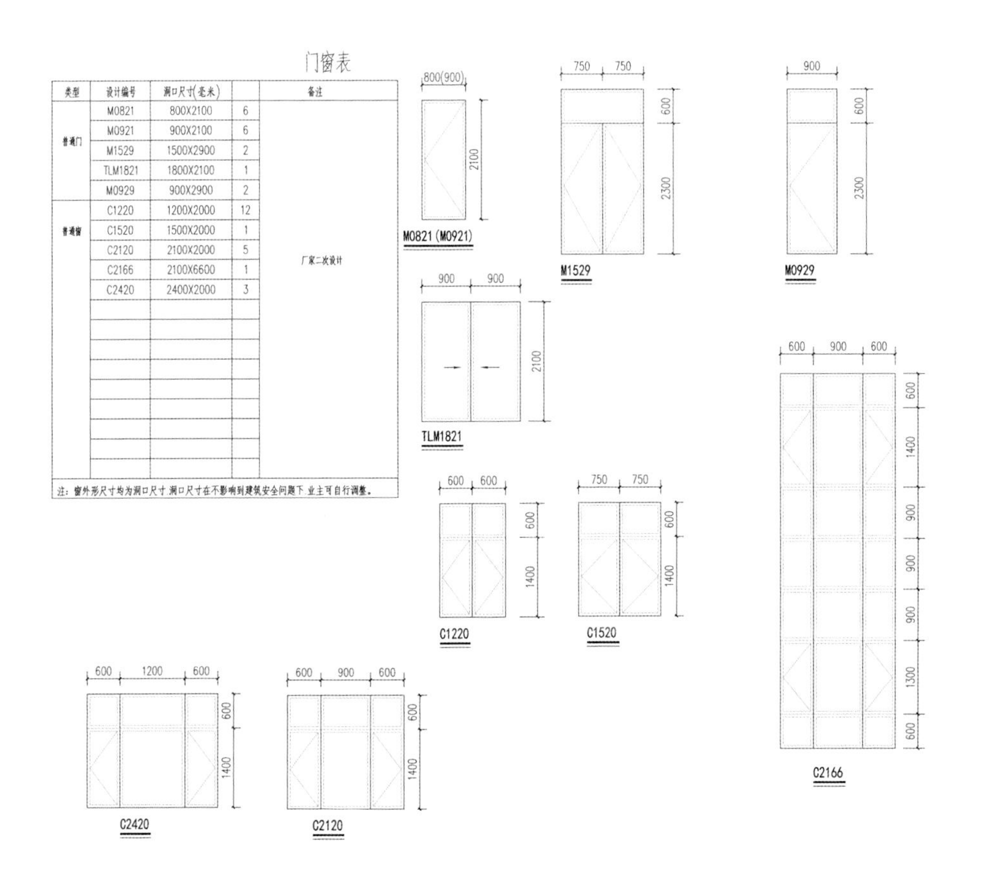

门窗表

类型	设计编号	洞口尺寸(毫米)		备注
普通门	M0821	800X2100	6	厂家二次设计
	M0921	900X2100	6	
	M1529	1500X2900	2	
	TLM1821	1800X2100	1	
	M0929	900X2900	2	
普通窗	C1220	1200X2000	12	
	C1520	1500X2000	1	
	C2120	2100X2000	5	
	C2166	2100X6600	1	
	C2420	2400X2000	3	

注：窗外形尺寸均为洞口尺寸.洞口尺寸在不影响到建筑安全问题下.业主可自行调整。

效果图

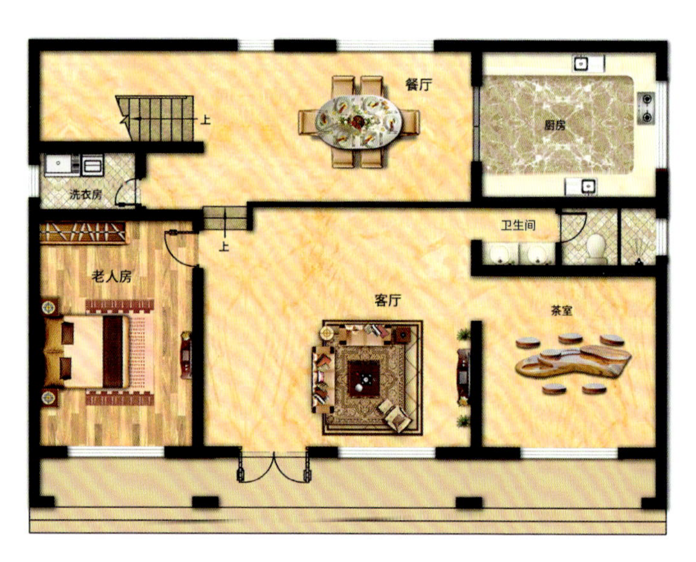

一层平面图

三层别墅 MS2107094

THREE-STOREY VILLA

二层平面图

三层平面图

户型信息

【层　　数】三 层

【结构形式】砖混结构

【开　　间】16.4 米

【进　　深】11 米

【占地面积】170.5 平方米

【建筑面积】486.3 平方米

【预估造价】约 56 万元

效果图

一层平面图

三层别墅 MS2107095

THREE-STOREY VILLA

二层平面图

三层平面图

户型信息

【层　　数】三 层

【结构形式】砖混结构

【开　　间】11 米

【进　　深】16 米

【占地面积】188.0 平方米

【建筑面积】409.5 平方米

【预估造价】约 49 万元

效果图

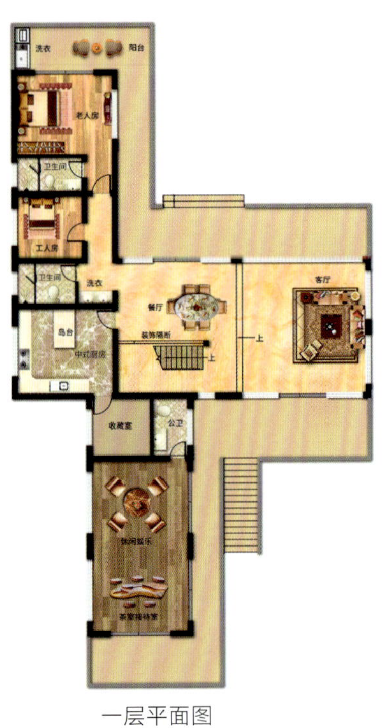

一层平面图

三层别墅 MS2107113

THREE-STOREY VILLA

二层平面图

三层平面图

户型信息

【层　　数】三 层

【结构形式】砖混结构

【开　　间】17.5 米

【进　　深】31.5 米

【占地面积】302.4 平方米

【建筑面积】630.0 平方米

【预估造价】约 72 万元

效果图

一层平面图

三层别墅 MS2107124

THREE-STOREY VILLA

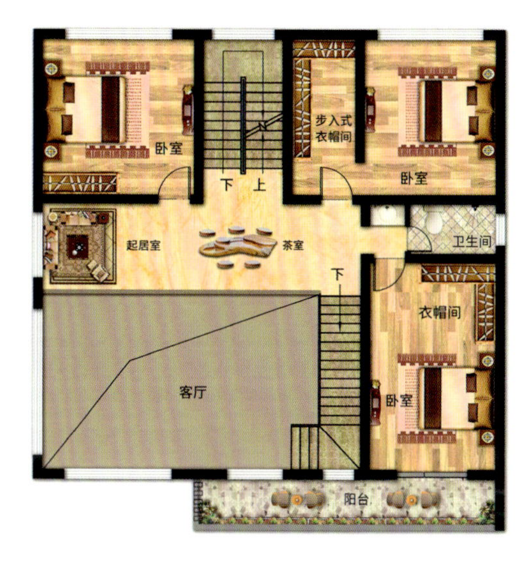

二层平面图

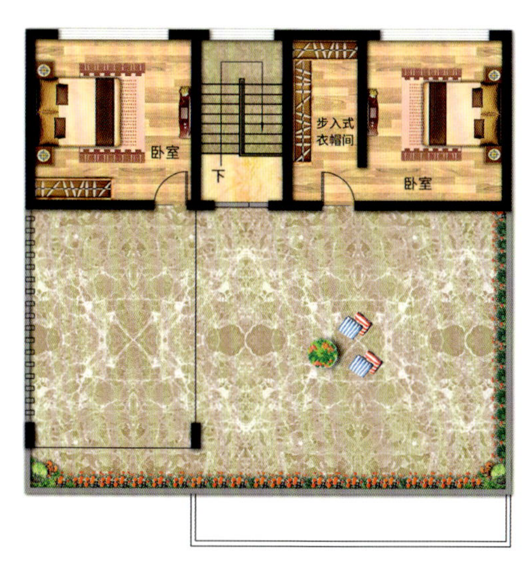

三层平面图

户型信息

【层　　数】三 层

【结构形式】砖混结构

【开　　间】13.24 米

【进　　深】12.24 米

【占地面积】162.1 平方米

【建筑面积】393.2 平方米

【预估造价】约 45 万元

效果图

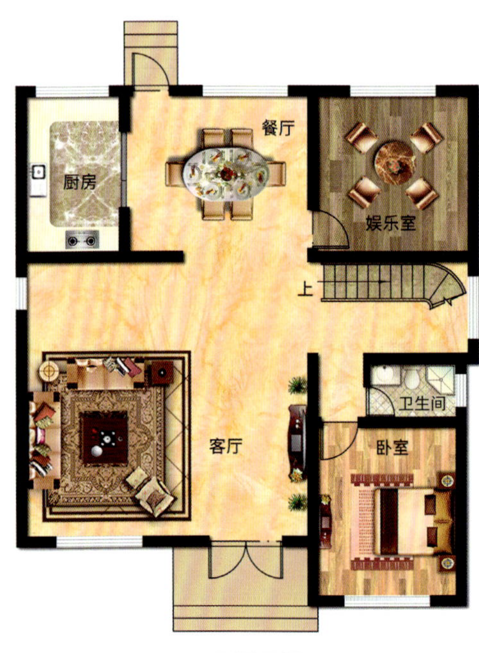

一层平面图

三层别墅 MS2107138

THREE-STOREY VILLA

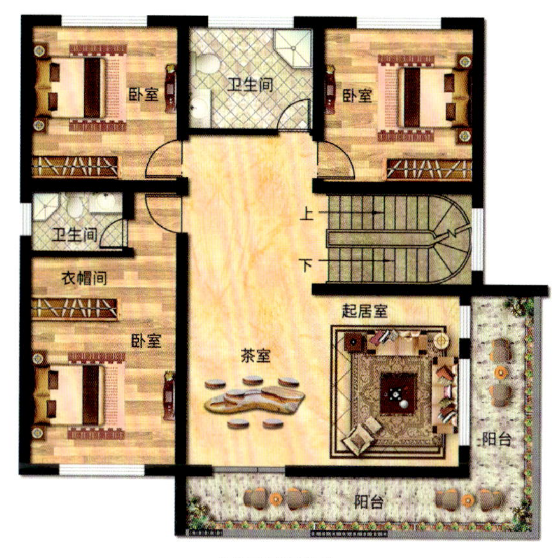

二层平面图

三层平面图

户型信息

【层　　数】三 层

【结构形式】砖混结构

【开　　间】12.52 米

【进　　深】12.24 米

【占地面积】125.9 平方米

【建筑面积】358.2 平方米

【预估造价】约 39 万元

效果图

一层平面图

三层别墅 MS2107151

THREE-STOREY VILLA

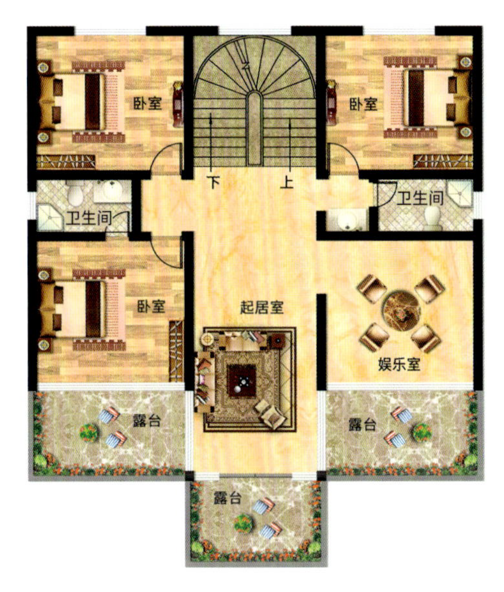

二层平面图

三层平面图

户型信息

【层　　数】三 层

【结构形式】砖混结构

【开　　间】13.00 米

【进　　深】14.28 米

【占地面积】171.6 平方米

【建筑面积】406.9 平方米

【预估造价】约 46 万元

效果图

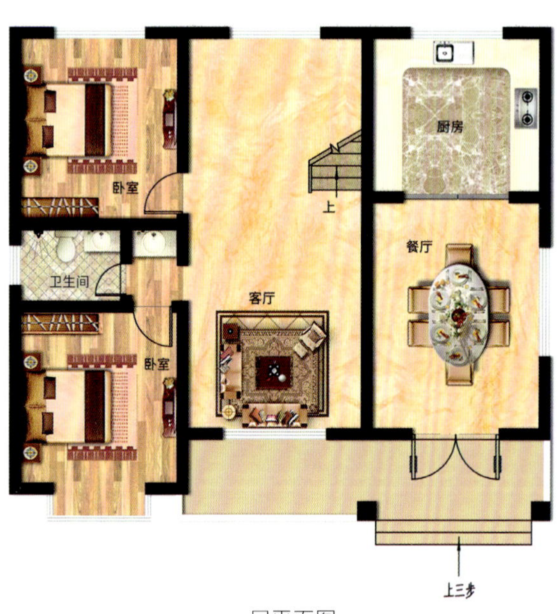

一层平面图

三层别墅 MS2107161

THREE-STOREY VILLA

二层平面图

三层平面图

户型信息

【层　　数】三 层

【结构形式】砖混结构

【开　　间】12.24 米

【进　　深】10.69 米

【占地面积】130.1 平方米

【建筑面积】320.5 平方米

【预估造价】约 38 万元

效果图

一层平面图

三层别墅 MS2107162

THREE-STOREY VILLA

二层平面图

三层平面图

户型信息

【层　　数】三 层

【结构形式】砖混结构

【开　　间】12.94 米

【进　　深】15.22 米

【占地面积】174.5 平方米

【建筑面积】486.9 平方米

【预估造价】约 56 万元

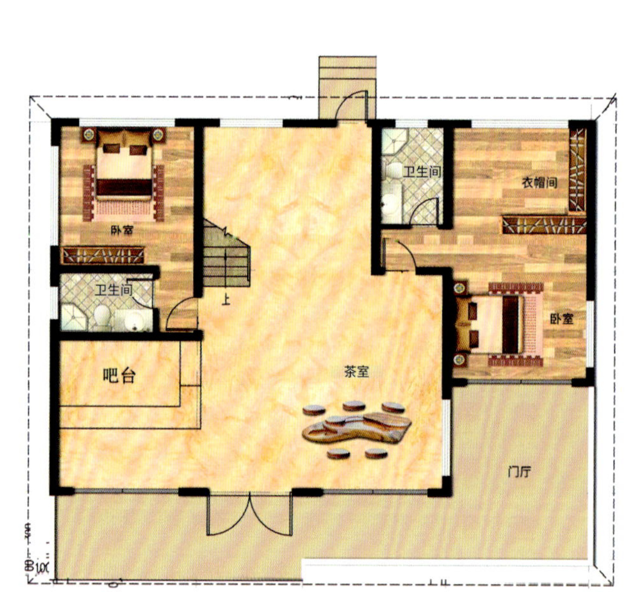

一层平面图

三层别墅 MS2107169

THREE-STOREY VILLA

二层平面图

三层平面图

户型信息

【层　　数】三 层

【结构形式】砖混结构

【开　　间】18.6 米

【进　　深】13.6 米

【占地面积】182.4 平方米

【建筑面积】582.0 平方米

【预估造价】约 68 万元

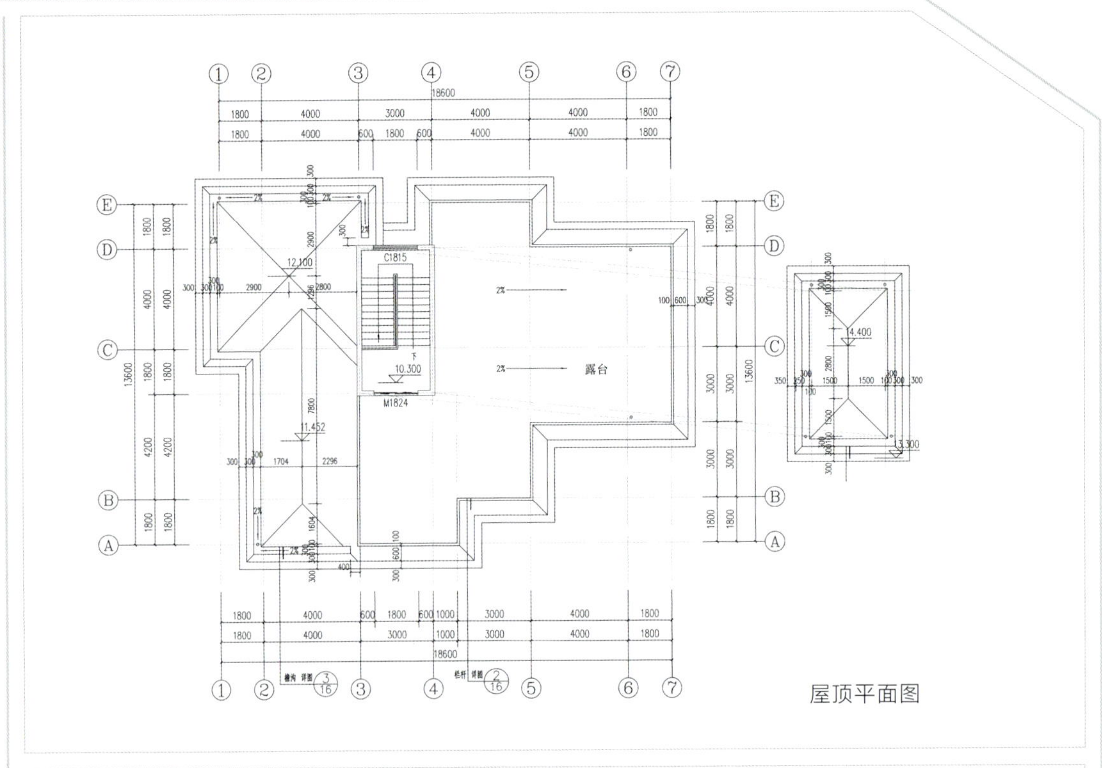

屋顶平面图

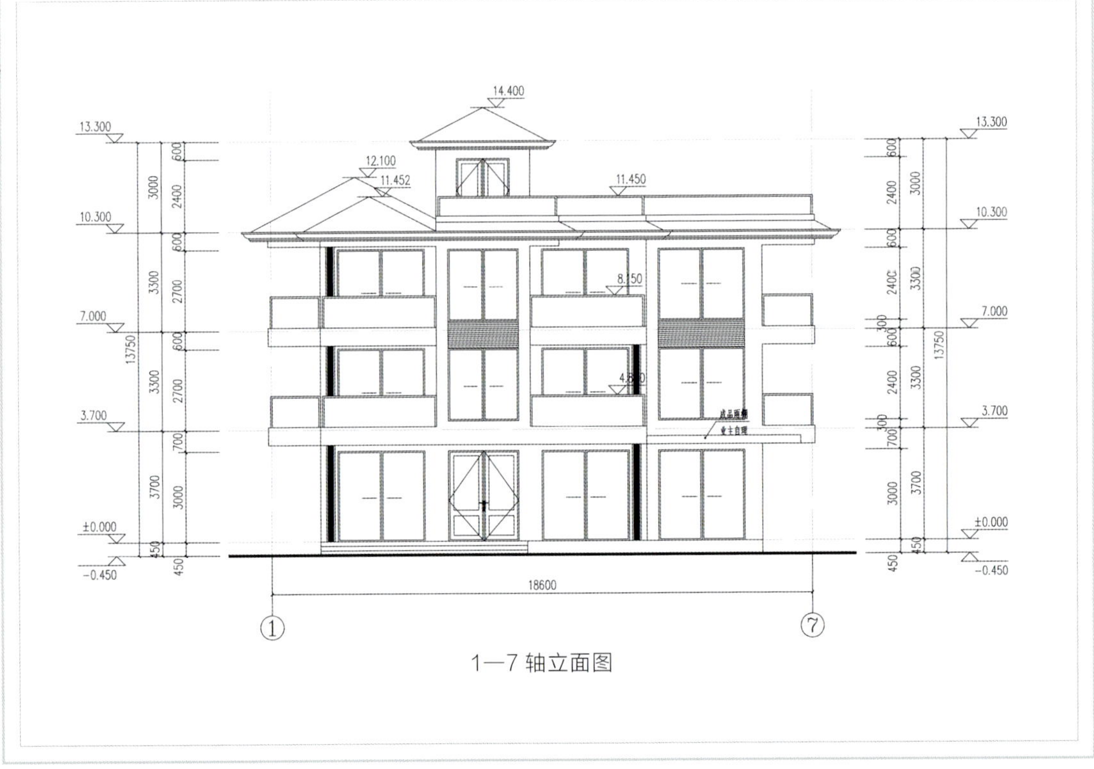

1—7 轴立面图

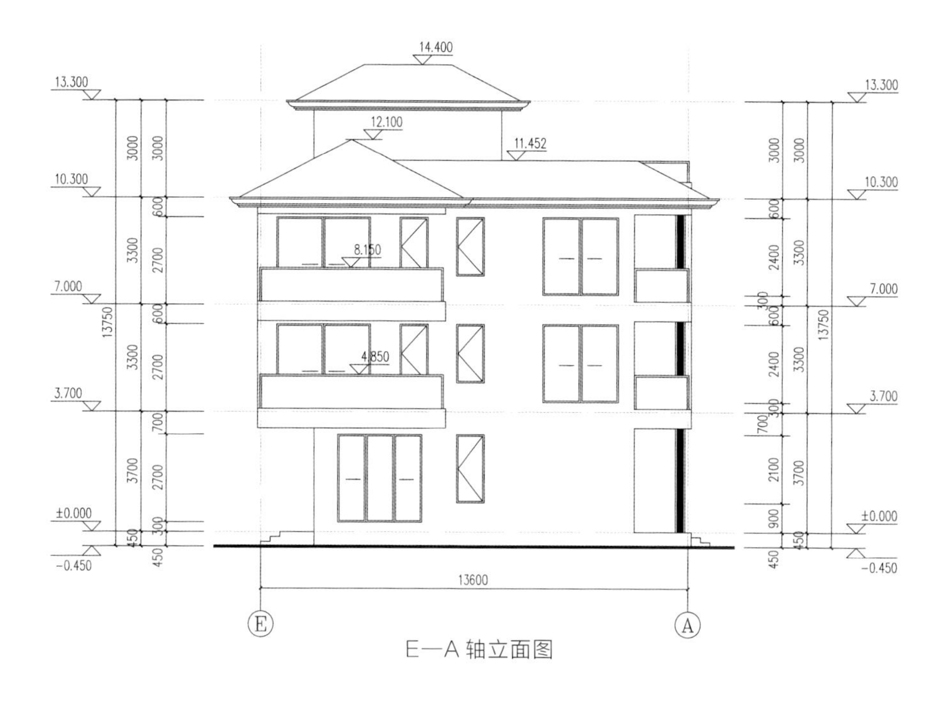

E—A 轴立面图

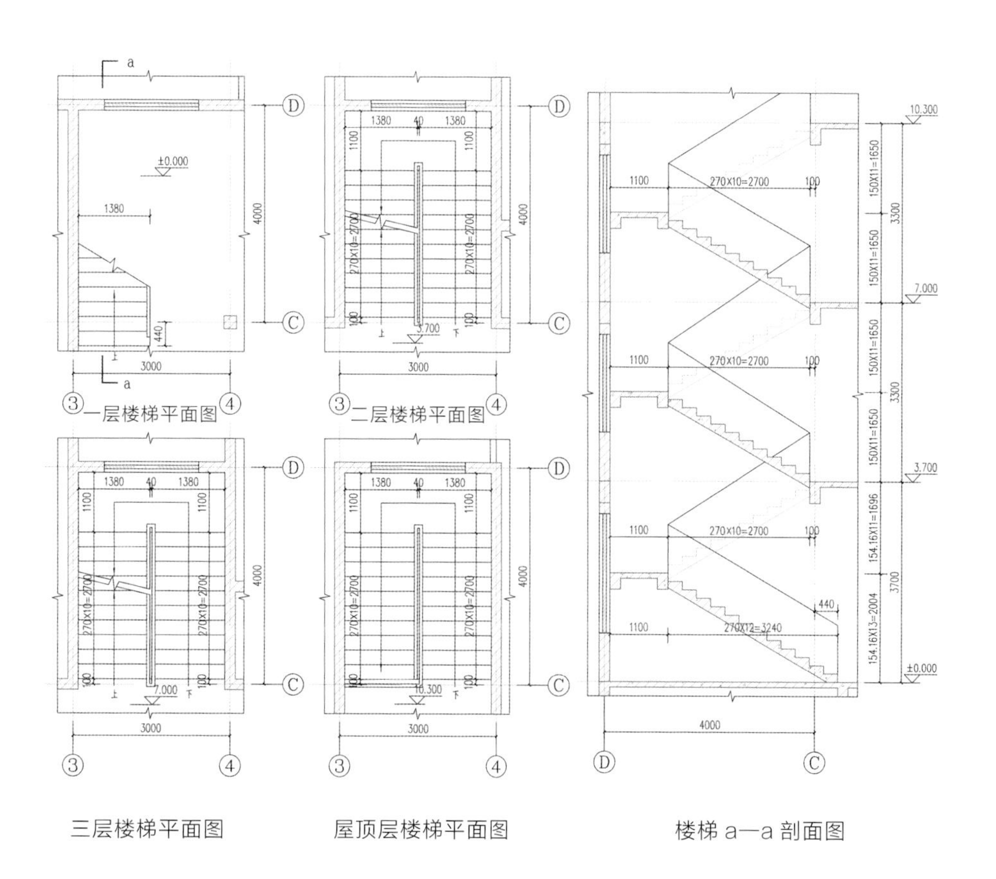

一层楼梯平面图

二层楼梯平面图

三层楼梯平面图

屋顶层楼梯平面图

楼梯 a—a 剖面图

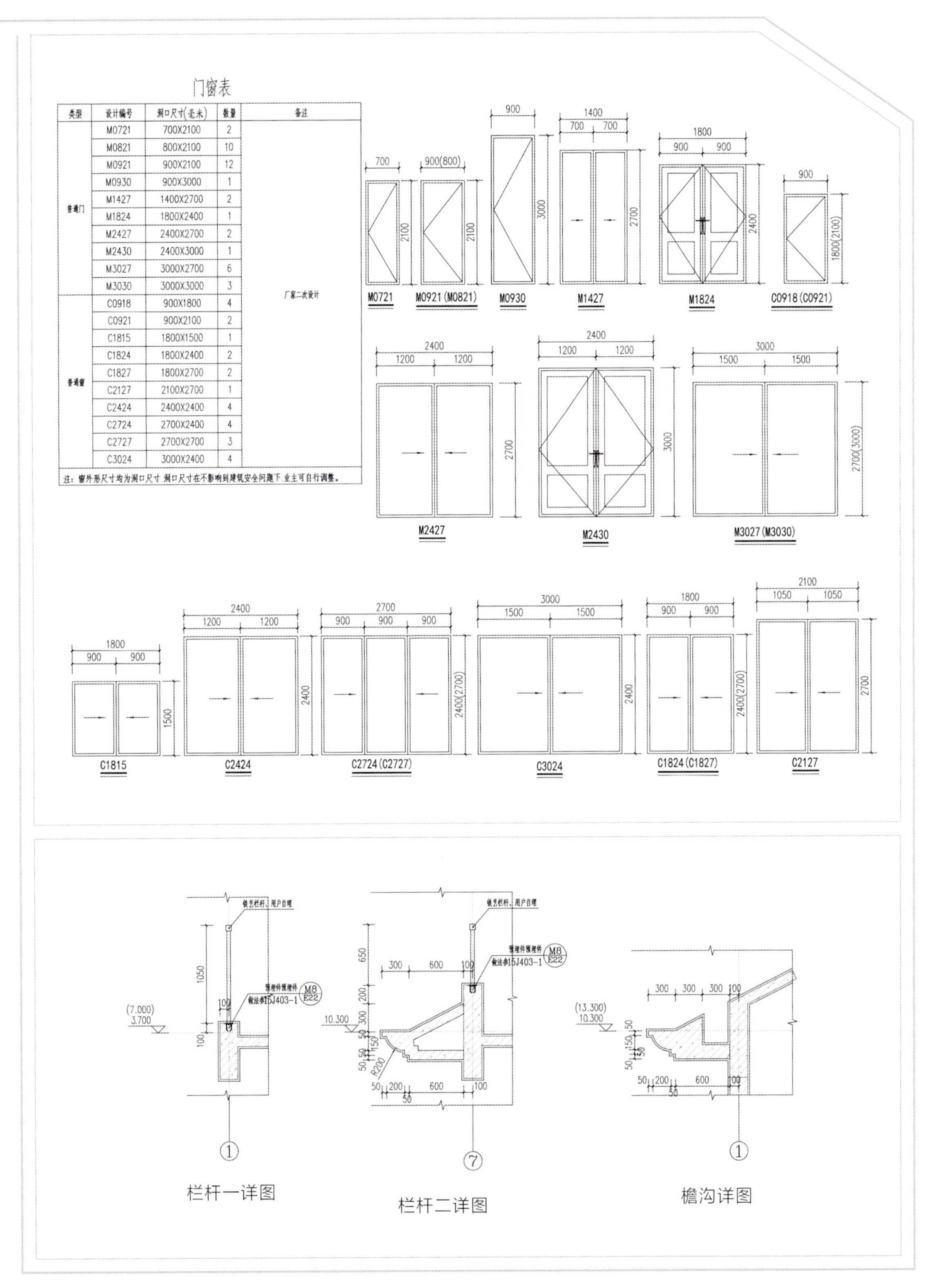

门窗表

类型	设计编号	洞口尺寸(毫米)	数量	备注
普通门	M0721	700X2100	2	厂家二次设计
	M0821	800X2100	10	
	M0921	900X2100	12	
	M0930	900X3000	1	
	M1427	1400X2700	2	
	M1824	1800X2400	1	
	M2427	2400X2700	2	
	M2430	2400X3000	1	
	M3027	3000X2700	6	
	M3030	3000X3000	3	
普通窗	C0918	900X1800	4	
	C0921	900X2100	2	
	C1815	1800X1500	1	
	C1824	1800X2400	2	
	C1827	1800X2700	2	
	C2127	2100X2700	1	
	C2424	2400X2400	4	
	C2724	2700X2400	4	
	C2727	2700X2700	3	
	C3024	3000X2400	4	

注：窗外形尺寸均为洞口尺寸.洞口尺寸在不影响到建筑安全问题下.业主可自行调整。